国外小城镇规划与设计译丛

# 小城镇的可持续性
## 经济、社会和环境创新
### SMALL TOWN SUSTAINABILITY
### Economic, Social, and Environmental Innovation
#### （原著第二版）

[美]保罗·L·诺克斯　[瑞士]海克·迈耶　著

易晓峰　苏燕羚　译

中国建筑工业出版社

著作权合同登记图字：01-2017-2788号

图书在版编目（CIP）数据

小城镇的可持续性　经济、社会和环境创新／（美）保罗·L·诺克斯，（瑞士）海克·迈耶著；易晓峰，苏燕羚译．—北京：中国建筑工业出版社，2018.8
（国外小城镇规划与设计译丛）
ISBN 978-7-112-22215-5

Ⅰ.①小…　Ⅱ.①保…　②海…　③易…　④苏…　Ⅲ.①小城镇—城市建设—研究—国外　Ⅳ.①TU984

中国版本图书馆CIP数据核字（2018）第101088号

**SMALL TOWN SUSTAINABILITY**
**Economic, Social, and Environmental Innovation**
(Second Edition, Revised and Expanded)
Paul L. Knox, Heike Mayer
ISBN 978-3-03821-251-5
© 2013 Birkhäuser Verlag GmbH, P.O. Box 44, 4009 Basel, Switzerland
Part of De Gruyter

Chinese Translation Copyright © China Architecture & Building Press 2018

责任编辑：石枫华　孙书妍
责任校对：刘梦然

国外小城镇规划与设计译丛
**小城镇的可持续性**
**经济、社会和环境创新**
SMALL TOWN SUSTAINABILITY
Economic, Social, and Environmental Innovation
（原著第二版）

[美]保罗·L·诺克斯　[瑞士]海克·迈耶　著

易晓峰　苏燕羚　译

\*

中国建筑工业出版社出版、发行（北京海淀三里河路9号）
各地新华书店、建筑书店经销
北京点击世代文化传媒有限公司制版
北京利丰雅高长城印刷有限公司印刷

\*

开本：787×1092毫米　1/16　印张：12¾　字数：253千字
2018年7月第一版　2018年7月第一次印刷
定价：118.00元
ISBN 978-7-112-22215-5
（31947）

版权所有　翻印必究
如有印装质量问题，可寄本社退换
（邮政编码 100037）

# 目 录

# 序

规划师、建筑师和政治家往往关注光鲜的全球城市，而忘记小镇。小镇既不是全球金融业的节点，也不是国家高科技的中心。但小镇的居民也能感受到全球经济的变幻和全球气候变化的影响。所以，我们同样可以从这些小镇学习如何建设可持续的未来。

在探索小镇可持续创新方法的过程中，我们感受到了居民、市长、规划师和建筑师在谋划小镇未来时表现出来的惊人热情和活力。很多小镇互相联系，甚至开展全球对话，讨论可持续发展和它们共同的未来。本书将展开关于可持续小镇发展的讨论，同时为大家展现一系列最好的和最有创意的可持续小镇实践。我们希望本书可以帮助读者更好地理解小镇——这种较少讨论的城市类型。在第二版中，我们还综述了新兴经济体小镇可持续发展的挑战。曾经，城市规划讨论主要集中在大都市区、超大区域和全球城市。我们觉得有必要认真地研究较小地方的作用和潜力。较小的地方对区域经济也发挥着重要作用；它们为区域景观贡献个性和独特性；同时，较小地方的人口加在一起，在很多区域中也占有很高的比例。

成书过程中，我们得到了同事、朋友和学生的大量帮助。他们的想法、评论和才干是无价的。这里要特别感谢他们的贡献，他们是玛利拉·阿方索（Mariela Alfonzo）、凯莉·比弗斯（Kelly Beavers）、佩特拉·比斯科夫（Petra Bischof）、惠特妮·博纳姆（Whitney Bonham）、伊丽莎白·查韦斯（Elisabeth Chaves）、彻里·陈（Cherry Chen）、艾达·科斯特（Aida Cossitt）、赫维希·丹泽尔（Herwig Danzer）、艾什丽·戴维森（Ashley Davidson）、宾·多利姆（Bin Dorim）、丹尼·法（Daniel Fäha）、杰西卡·范宁（Jessica Fanning）、玛丽·费舍（Mary Fisher）、苏珊·弗拉克（Susan Flack）、约翰·耶森（Johann Jessen）、格雷姆·基德（Graeme Kidd）、戴尔·梅德亚里斯（Dale Medearis）、约翰尼斯·米歇尔（Johannes Michel）、伊丽莎白·莫顿（Elizabeth Morton）、彼尔·吉奥吉欧·奥利维蒂（Pier Giorgio Olivetti）、约翰·普洛佛（John Provo）、约翰·伦道夫（John Randolph）、乔·希林（Joe Schilling）、孙大铉（Dehyun Sohn）、伯恩哈德·斯坦哈特（Bernhard Steinhart）、安妮-利兹·韦莱兹（Anne-Lise Velez）、魏方（Fang Wei）。我们同时也有幸得到了弗吉尼亚理工大学建筑和城市研究学院、公共和国际事务学院、大都市研究院等对我们工作的资助。最后，我们要向卡罗琳·米勒-斯特尔（Karoline Mueller-Stahl）和此版本编辑安达·迪万（Anda Divine）、萨宾·洛克利兹（Sabine Rochlitz）以及博克豪斯出版社的维尔纳·汉德申（Werner Handschin）、凯塔琳娜·库尔科（Katharina Kulke）、埃尔克·伦兹（Elke Renz）、罗伯特·斯泰格尔（Robert Steiger）等的专业帮助表示感谢。

保罗·诺克斯于弗吉尼亚州布莱克伯格
海克·迈耶于瑞士伯尔尼
2013 年 6 月

图 1　英格兰勒德洛（Ludlow）抗议海报

# 1

## 概述

## 1.1 为什么要关注小镇？

### 1.1.1 特别的小镇*

小镇是个特别的地方。小镇有自己的认同感，镇上的居民有自己的交际和娱乐的生活方式。人们可以尽情漫步，没有交通噪声和汽车喇叭的干扰。人们可以在大片绿色空间里呼吸干净的空气。市议员会坚持再生能源和循环利用，会鼓励和推广地方艺术和手工艺、销售当地食物的传统餐馆以及出售地方特产的商店。它们是这个高速运转世界中的避风港；小镇的居民可以全球思考，在地行动。

全球化破坏了很多小地方的独特性，威胁着它们的活力和文化。本书中，我们描述小镇如何应对来自快节奏、全球化世界的挑战，重点分析支持地方文化和传统、欢聚和好客、场所感和可持续的行动、计划和政策。我们要详细探究小镇的经济、社会和环境

---

*　该标题为译者加。

可持续问题，试图了解小镇的特色如何源于历史；它们的饮食如何源于它们的区域环境；它们的政策和计划如何贡献经济发展、环境质量和社区福利。通过利用这些属性和比较优势，小镇可以成为区域、国家和全球经济中的可持续发展示范。小镇是不超过5万人的城市地区。尽管它们在全球经济中较难找到自己的位置，但是它们拥有环境、文化和经济财富，用以建设自己的可持续未来。

在很多区域，如欧洲、北美、澳大利亚、新西兰、日本，大量的人口居住在小镇中。在欧洲，1/5的人口居住在小镇中。除去伦敦、米兰、柏林周边的大都市区核心区域的人口，接近1/3的人口居住在小镇。在苏格兰中部和东部、斯堪的纳维亚的大部分地区、意大利中部和南部、爱尔兰南部，至少有一半人口住在小镇。在美国，过去的20年中，1～5万人口的小镇是增长最快的地区，而这些镇的人口加在一起刚好超过美国全国人口的10%。

本书回顾小镇的公民、规划师、建筑师和政策制定者如何一起努力，创造可持续发展的未来。我们研究了小镇中草根的努力对可持续发展的推动，展现了镇内和镇之间的合作和网络如何克服小镇规模小、资源不足的劣势。精选的案例则描绘了各镇如何积极创造社会、经济和环境的未来。

### 1.1.2 小镇的多样性

在发达国家，小镇在历史、形态、经济方面都有着很大差异，尽管这些小镇当初大多是因贸易市场而设立的。由于被交通系统和工业时代的聚集经济所忽视，它们现今仍然规模很小。其他很多镇在工业时代早期就是制造业镇，但是面对 20 世纪中叶技术的变革以及"福特制"经济下规模和聚集逻辑的改变，或者 20 世纪后期全球化带来的国际劳动分工的改变，它们没有足够的比较优势来维持竞争力。

结果，很多小镇经历了几十年经济和人口的停滞。外迁的人口大部分是最聪明、最有活力和最有教养的年轻人；而留下日益老龄化的人口，眼光越来越狭隘、局限，缺乏远见和领导能力。当这些发生后，社区丧失了理解和应对内部和外部影响的能力（而这些影响关乎它们的福祉）。由于经济衰落以及日益局限的应变能力，环境恶化和社会萧条就成了长期的问题。同时，经济的理性和全球化无情地导致了地方企业的衰落，地方特色、特点和场所感也随之丧失。在公共管理领域，财政紧缩和政治经济的新自由主义盛行（公共利益和市民社会逐渐让位于草根阶层对税收的抵制），这导致了学校、医院、诊所、邮局、公交服务的预算削减，甚至设施关闭，物质性基础设施和公共设施投资逐渐减少，福利再分配项目也遭到削减。

但是，一些小镇仍然还在吸引人口和投资流入。在发达国家大多数城市化水平较高的地区中，出现了就业和家庭选择性地从大都市区向小镇的转移，形成了"逆城市化"的趋势。"逆城市化"的一个解释是 1970 年代以来农村地区基础设施、新通信网络、供水、电视接收能力等方面的改善使小镇对于企业主和个人来说更有吸引力。接着，这个结果涉及第二个广泛的解释性主题：企业再组织和分散化。小镇环境提供了更好的基础设施和可达性、相对廉价的土地和没有工会组织的便宜劳动力。很多与逆城市化有关的岗位和工人因而进入了标准化、流程化生产或者装配的分厂（分公司）。关于逆城市化的出现还有几个可能的原因，一个是第二次世界大战后出生的反文化人群到小镇寻求不同的生活方式；另一个是不断增长的退休人士有足够的经济能力可以让他们搬离大都市区前往度假区或者退休社区。

因市场兴起的小镇以及山区镇以前总被认为是无聊和压抑的，现今逐渐变得风景如画，宁静舒适。更重要的是对于很多企业来说，它们的员工可以负担得起。这些优点加上房屋价格、生活节奏、自然风光等优势吸引了退休家庭、远程办公人员、长距离通勤者和第二住所拥有者。这些镇因此"缙绅化"了，拥有了升级了的住所、商店、咖啡馆和餐厅（图 2）。缙绅化给小镇带来繁荣的同时，也带来了诸如社会不平等、环境可持续等问题，它还促使小镇的形象和体验不断趋同，并日益重视竞争力和地方营销。

不同环境中的小镇拥有不同的需求、挑战和机遇（表 1.1）。它们的发展状况不但对它们的居民，而且对大都市地区与农村地区的经济和社会整合都非常重要。但是它们往往被国家政策所忽视，因为它们既不是城市政策的研究对象，也不是不发达农村地区政策的研究对象。过去的 20 多年，关于小镇的研究相对缺乏，因为全球化和技术革新对大城市和城市地区的影响吸引了研究者们的更多注意力。但是，随着全球化逐渐给小镇打上烙印，小镇的草根运动已经体现了小镇社区的需求、挑战和机遇。很多这样的草根运动包含了地方社区团体、地方企业和地方政府的合作，涉及社区的可持续，强调宜居和生活质量等问题。我们特别强调合作和网络化的方法，重点介绍应对全球化和结构化经济变化的最优实践案例。

小镇的分类　　　表 1.1

| 增长 / 衰退 | 面临的挑战和问题 |
| --- | --- |
| 增长中的小镇 | **公平**<br>住房可负担性<br>土地利用压力 |
| | **环境**<br>环境退化<br>关于增长和环境质量的政治纷争<br>文化景观的蚕食 |
| | **经济**<br>对服务业依赖上升<br>零售业的同质化<br>就业对其他社区的依赖 |
| | **文化和社区**<br>受威胁的场所感<br>商品化的认同和文化<br>持续增长的社区能力 |
| 衰落中的小镇 | **公平**<br>公共服务水平的下降 |
| | **环境**<br>文化景观的忽视<br>空置的土地 |
| | **经济**<br>资源依赖型或者旧经济在衰落<br>经济增长机遇的缺乏 |
| | **文化和社区**<br>空置和废弃的住房<br>不断减少的税基<br>缺乏政治活力<br>孤立的贫困人口<br>社会封闭<br>老龄化人口 |

图 2　美国亚利桑那州弗拉戈斯塔夫（Flagstaff）

弗拉戈斯塔夫曾经是伐木、矿业的中心，现在成为一个很繁荣的小镇。旧区缙绅化了，外围都是新的开发。

## 1.2　全球化和小镇发展

在过去的 30 年中，全球各地的人们和地区都面临着前所未有规模的惊人变化。经济和文化的全球化形成了一个由资本、思想和人口流动所控制的网络社会。一些城市变成世界城市或者全球城市，在全球经济中发挥关键作用。另一方面，小镇们几乎没有获得全球化的好处，然而就连它们自身也不能从全球化的负面后果中幸免。全球经济的互相依赖性和重组已经削弱和干扰了地方经济，并使它们前所未有地面对来自外部的控制。与全球化相关的社会和文化力量已经覆盖了地方的社会和文化习俗，全球化创造了一个不安分的世界——越来越多的地方改变了它们当初的样子，也越来越难保持地方的独特性。

全球化的关键时刻发生在 1970 年代中期的对国际经济的"系统冲击"。世界金融市场美元的货币量越来越少，一是因为美国政府的赤字，二是因为石油输出国组织（OPEC）大量的货币储备，金融市场迅速演化为新的、复杂的国际金融系统，随之而来的"投资"（investment）和"减资"（disinvestment）新模式导致了剧烈的社会经济变化。大多数经济合作和发展组织（OECD）国家形成了新的、后工业时代的社会。新的城市形态随之发展，以适应新的经济逻辑和新的社会结构。围绕着全球奢侈品消费出现了新的跨国物质文化。其他产品则变得"麦当劳化"——标准化、可预见、特许经营。乔治·里泽尔（George Ritzer）甚至形容这些产品"什么都不是"，因为它们被高度设计和控制，相对缺乏独特的实质性内容[1]。还有一些产品变得"全球地方化"（glocalised）了，它们既受到全球化趋势的影响，也受到地方思想和实践的影响。随着地方、国家和国际的资本流动加速，几乎所有地方的日常生活节奏都加快了。

**图 3　英格兰卡索顿（Castleton）**

像英格兰大曼彻斯特地区很多纺织镇一样，结构性经济变化之后，卡索顿也遭受了经济衰退、社会剥夺以及环境退化之苦。

### 1.2.1 快节奏的世界

在全球经济的快节奏世界中，全球十几亿人正在通过全球的通信、知识、产品和消费网络密切联系。因为资本主义是先天的竞争系统，因此对开发新市场、降低资本周转时间（例如，货币需要投资到新企业上，通过出售实物和服务而获得利润才能回收，这需要不少时间）的竞争永无止境。在全球经济系统中，时间就是金钱，因此生活节奏不可避免地持续加速。快节奏世界的重力中心是欧洲和北美的巨大城市区域，但快节奏世界的触角也遍布全球，伸向了更多的区域、小镇、社区和家庭——无论是作为产品和文化的生产者或消费者，它们都接入了当代的全球经济。

沃尔特·本杰明（Walter Benjamin）[2]最早留意到快速工业化、日常生活加速以及生活质量下降之间的联系，这种联系逐渐强化，同时后工业社会变得碎片化，并由信息技术和传播的加速所重构。此外，许多国家的每周工作时长实际上都增加了，损害了人们的家庭生活。更多家庭需要不止一个人工作，这不仅意味着有更多的工作，而且也涉及家庭成员工作时间表的整合。

这些压力与后工业社会的物质主义紧密联系。人们常说的自我价值、社会地位、幸福感都通过消费来组织。结果，工作—消费的循环成了当代社会经济、社会动力的基础。速度成为消费各个层面的特点，广告起了推波助澜的作用。在广告中，人们的消费节奏通常与他们体现出的愉悦感有关。速度和繁忙的日程表不再负面，而成为值得赞扬的、有较强适应力和自我实现生活方式的特征。人们关注送达的速度、服务的速度、烹调的速度、付账的速度、开罐头的速度、研磨的速度。自相矛盾的是，对消费者的调查通常显示人们想要更休闲、更少消费的生活方式；但是在现实中他们的行动完全相反，继续追随工作—消费的循环。

图4 阿姆斯特丹史基浦机场（Schiphol Airport）
一个快节奏世界的枢纽。

图5 澳大利亚悉尼
白领们在上班的路上。

## 1.2.2 经济取代

正如经济发展的前期阶段，全球化有它自己的空间逻辑。一些地方的空间布局很好地适应了新的跨国、后工业和信息化经济，而另一些地方则不然。各地的小镇都面临着维护经济活力的日益激烈的挑战，同时激烈的竞争不断改变着商品链和消费市场的几何学。

对于一些小镇而言，经济发展取决于企业和公共政策制定者从大型跨国企业吸引投资的能力，其代价往往是昂贵的激励政策和让步。其他没有此类大规模投资的地方，地方经济通常反映了快节奏世界经济的结构性转型，结果是办公园区、零售商场、大型连锁超市、特许经营快餐和服装连锁的激增。大型超市和连锁零售商获准到处扩张，因为规划师、镇议会和政府急切地需要维持地方税基（图6、图7）。但连锁店已经成为经济上的入侵物种：它们贪婪、一视同仁、反社会。在小镇，超级卖场、超级市场、克隆商店无需多日就可统治和扼杀地方经济生态系统。它们的大型集中化物流运作推动了企业、购物、饮食、放牧、食物、

景观、环境，甚至人们日常生活的均一性。镇中心曾经集中了独立的肉店、报摊、烟摊、酒吧、书店、杂货店和家庭运营的小商店，现在正在迅速被标准化超市、快餐连锁、手机店和全球时尚品牌过季产品打折店所填满。

快餐店已经成为这个趋势的标志。仅麦当劳一家，在全球119个国家就设有差不多34000家餐店，每天可服务6900万人，而且以每年200家的速度开设新店。它是全球最大的牛肉、猪肉、西红柿的买家和最大的零售物业拥有者。在美国，外出吃饭的比例达40%，大多在快餐店解决。四分之一的成年人每天光顾一次快餐店。毫不奇怪，绝大部分人口体重超重了，与肥胖相关的健康问题（如早期糖尿病和高胆固醇低龄化）发生频率正在快速上升。为这些问题付出的成本对个人及医疗系统而言已非常惊人。同时，快餐业的低工资服务业已经成为快节奏世界经济中日益重要的组成部分。

超市连锁对小镇经济的影响力更大。在英国，四大连锁超市，乐购（Tesco）、阿斯达（ASDA，由沃尔玛拥有）、萨斯伯里（Sainsbury）和赛弗威（Safeway）的增长已经支配了

**图6　镇边缘的超市**

这个例子在英格兰的贝珀（Belper），是个典型的大型新超市，已经把生意从镇中心引走。中心化供应链意味着更低的价格，但是也意味着对农业商业和大型食品处理公司的高度依赖。

小镇的零售环境。它们既开设了镇外的大卖场，也在主街沿线开设了便利店，如乐购便捷（Tesco Express）、乐购都市（Tesco Metro）、萨斯伯里地方（Sainsbury Local）。结果是，它们扼杀了全英的小商店（每天就有一家关门），而那些专卖店（如肉店、面包店和鱼店）则是每周关 50 家[3]。

通过标准化菜单和集中化供应链，快餐店不仅扼杀了小型企业，而且还影响了当地农户。快餐业和超市连锁都依赖农业的大量供应。跨区和跨国公司往往收到了高额补贴。它们的全球市场依赖单一文化和大规模农业。随之，需要在动物身上使用大量的抗生素，而在农作物身上使用大量杀虫剂、化肥和基因工程。结果，小型农户和个体渔民被挤出了市场。随之而来，很多传统的地方食品消失了或者处于消失的边缘。例如，荷兰的陈年高达芝士、西班牙的冈克塞特豆子和赫利卡的藏红花、英格兰的康沃尔沙丁鱼和老格劳斯特的牛肉、匈牙利的曼格利卡香肠、法国的帕代汉黑萝卜和圣弗洛普拉兹尼兹金扁豆[4]。同时，超市货架上放满了高度处理过的食物、反季节果蔬以及长途运输和长期储存

的农产品。当一个欧美家庭坐下吃饭时，大部分食材已经在农场、处理、包装、配送和消费的路上走了至少2000公里。

除了在小镇中运营的快餐特许经营和超市连锁，国内国际连锁公司在其他领域也发挥着统治作用，包括药店、服装店、书店、音乐和娱乐店、咖啡店甚至殡葬业。这种趋势不仅侵蚀了地方小企业，而且也缩小了消费者的选择范围，以及多样性和创新。例如，独立的本地报刊亭会有大量不同的杂志，但超市和连锁商店为了利益最大化通常只会集中销售卖得最好的 100 种杂志。CD 和 DVD 的销售也是如此。所以，连锁商业不仅减少了小镇商店的数量，而且也减少了商品的选择。

通过公司重组，公司所有权的外部控制导致了地方企业的关闭。在英国，传统的社区酒吧越来越受到威胁。根据"真正艾尔酒（Real Ale）运动"的统计，英国平均每月有 48 个酒吧关闭。这样，酒吧的所有权会集中到越来越少的公司手中[5]。连锁酒吧公司，如格林王（Greene King）、普弛塔文（Punch Taverns）和企业酒馆（Enterprise Inn），

图 7　大盒子零售

位于亚利桑那州钱德勒（Chandler）的一座沃尔玛超级中心。

15

每个公司都有上千家门店，而且出于市场的渗入和规模经济的原因，它们的规模还在继续扩大。不能适应新商业模式的小酒吧只能卖给地产开发商转为公寓或餐厅。同理，法国的地方餐厅从1970年代的225000家下降到了35000家。很多幸存下来的地方餐厅也处于危机中，要么不得不转型为主题酒吧，要么被大型连锁品牌吞并，要么彻底出局。

"新经济基金"已经着手研究英国小镇零售环境的一致性，发展出了一个指标来识别"克隆镇"——"主街商店的个性已经被国内和国际连锁所取代，镇中心与全国其他几千个同样乏味的镇中心别无二致"[6]。相反，"家园镇"是保留个性的，可以被当地居民和来访者所识别和区分。2009年"新经济基金"调查的117个镇中，只有36%的镇有足够的地方企业，可授予"家园镇"的称号；41%的镇因拥有的独立商店太少，而归为"克隆镇"；其余23%居于两者之间。这个结果证实了从2005～2009年，经济萧条严重打击了地方独立商店，而让国内连锁店占有了更大的消费市场份额。

克柯蒂（Kirkaldy）、彭赞斯（Penzance）、圣奥斯特尔（St. Austell）和陶布里奇威尔（Tunbridge Wells），这些都是克隆镇的例子。在调查中，家园镇最好的例子是肯特郡的威兹特博（Whitstable）。这个镇因它的牡蛎节和兴旺的饮食文化而出名，并且拥有艺术社区和大量的独立商店。家园镇的其他例子有博威克（Berwick）、黑瑟米尔（Haslemere）、赫布登布里奇（Hebden Bridge）和圣安德鲁斯（St. Andrews）。通常人口多的地方，如剑桥、雷丁（Reading）、埃克塞特（Exeter）和卡莱尔（Carlisle），更像是克隆镇；而人口规模小的地方更容易成为家园镇。这表明可能是人口规模引发了连锁零售的进入。调查还表明，家园镇可以比克隆镇提供更多样的商品和服务。以服装为例，克隆镇往往类型单一。而家园镇平均有18个不同类型的商店，通常也有更多的零售商出售食物、五金和其他日常用品。

图 8 英格兰斯塔福郡（Stafford）

拥有标准化门面的国家连锁店塞入了格林格特大街（Greengate Street）的历史肌理。

## 英格兰温彻斯特（Winchester）

2005 年新经济基金的第一版克隆镇报告中，温彻斯特（人口 4 万）排名靠前。零售跨国公司和"微格式"（microformat）[①] 的超市替代了地方商店和服务业的地位（而这些可以给这些镇更多特色）。

温彻斯特最初是始于公元 70 年的罗马小镇。它是区域性首府，建设了方格网式的街道，由商店、公共建筑包围的广场可作为市场交易的场所。公元 407 年，随着最后一批罗马士兵撤离不列颠，这个镇似乎因此荒废了。但在随后的 5 世纪末和 6 世纪初（也就是人们熟悉的传奇的亚瑟王和圆桌骑士的时代），它重新变成了军事要塞。9 世纪末，阿尔弗雷德大帝重建了该镇，并定都于此。该镇成了重要的宗教城镇，威塞克（Wessex）和英格兰的中心。街道重新按方格网进行了布局。11 世纪末，大教堂落成，作

① 微格式是一个计算机术语，是通过语意相关让内容人机可读。网页上的允许的微格式数据包括事件、人物、地点等，它可以被其他的软件检测到，并提取出相应的信息，以及对信息进行索引、搜索、跨平台的参考，把这些信息以其他形式重复使用或组合。这里指超市都是差不多的样子和功能。——译者注

图 9　温彻斯特镇中心

图 10　从东看温彻斯特镇中心

图 11　温彻斯特大教堂

为皇家珍宝的《末日审判》（也被称为《温彻斯特之书》）也撰写完成。在中世纪，温彻斯特的财富主要来源于毛纺织业。虽然镇的人口从未超过 5000 人或 6000 人，但它仍然是皇家和宗教的中心，即便首都已经迁往伦敦。例如，1554 年，都铎玛丽女王在大教堂与西班牙的菲利普王子举行了婚礼；1603 年，瓦尔特·拉雷（Walter Raleigh）爵士在温彻斯特大礼堂因叛国罪受审。但温彻斯特的大部分功能仍是市场。1724 年，丹尼尔·迪福（Daniel Defoe）写道，温彻斯特曾经"没有贸易，没有制造业，没有方向"。[7]但在几十年内，这个镇有了固定的商店和少量的专业阶层；镇的大部分重建了。一些老房子换上了乔治时期的立面。19 世纪，温彻斯特迎来了真正的繁荣，主要是因为 1840 年铁路修到了这里。这给小镇的肌理增加了不少维多利亚时代的建筑，还有一些工业。到了 1891 年，该镇人口达到了 17000 人。自此，镇人口增长了一倍，它在汉普郡保住了行政管理和商业功能。1950 和 1960 年代，镇中心经历了两次更新，标志着全国性零售连锁品牌的入侵。2005 年，为了吸引购物者，主街进行了步行化改造，但有特色的地方商店几乎消失了。

该镇非常清楚地认识到重新获得遗产、认同和地方独特性的重要性。2008 年该镇的官方网站提出"我们不愿成为乏味的品牌购物中心，当一个'克隆镇'。我们想获得独特的特色和个性……我们拥有超过 350 家商店、餐厅、咖啡吧，有强烈的休闲文化格调。我们是高质量的历史遗产旅游目的地。温彻斯特必须给本地居民和游客提供高质量服务，以及新的设施和历史遗迹"。[8]不管怎样，2009 年新经济基金的克隆镇名单上已经没有了温彻斯特。

图 12　温彻斯特高街

南侧，展示了部分潘蒂斯步行街（Pentice，一条位于建筑下方的拱廊步行街）。

图 13　温彻斯特高街和巴特十字（Butter Cross）

建于 15 世纪的地标，是利用大斋节期间对偷吃黄油行为的罚款所建。

图 14　温彻斯特高街，北侧

## 图 15　英格兰埃姆斯沃斯（Emsworth）

该镇是新经济基金描绘的"家园镇"的典型，本地拥有的企业很多。曾经是个渔港，以牡蛎闻名，但现在主要是朴茨茅斯城市地区的一个居住中心。它的港口几乎都为娱乐性出海所用。从 2001 年开始，埃姆斯沃斯举行美食节，该节是英国此类节事中最大的一个。

## 图 16　英格兰埃姆斯沃斯

该镇成功地保住了大量各类独立商店和服务，包括两个绿色杂货店、两个肉店、1 个鱼档、两个报刊亭、3 个花店、5 个理发店、1 个合作商店和这个旅行社。

## 图 17　英格兰埃姆斯沃斯

更多独立的、地方拥有的商店在高街上。

## 1.2.3 营销和消费"场所"

在共性日益增强的社会里，地方的美观和独特性、物质环境以及景观的体验已经成为消费文化的重要要素。快节奏世界是以跨国的建筑风格、着装规范、零售连锁店和流行文化为特征的，越来越多地造成了无场所感和空间错乱，丧失了地域认同，一些地方的独特性受到了侵害。为此，开发商们创造了主题公园、大型购物中心、节日市场、更新过的历史街区以及新传统风格的村庄和社区。但是，开发商越是想提供独特的东西，它们的项目就越大越受瞩目，其结果也越不真实。

全球化已经促使很多地方的社区做出改变，它们对旅游者、企业、媒体公司和消费者感受的方式越来越敏感。结果，地方就不断地被重新阐释、重新策划、设计、包装和营销。场所感成为场所营销中有价值的商品。为了确保在全球经济中的竞争力，很多地方给自己"整容"，创造了步行化的广场、大型文化设施、节日、体育和媒体活动。这些都可以说是全球资本主义造就的"嘉年华假面"和"退化的乌托邦"。[9]为了在全球旅游和商业市场中推销自己，几乎所有的地方，无论大小，都有了自己的网站，包含地图、信息、照片、旅游指南和虚拟游览等。由谁来对地方进行再策划和文化包装，站在谁的立场，成为关乎地方生活质量的重要话题。

为了提升地方的形象，大多数营销集中在物质和视觉文化的刻意设计上。当然，文化的设计依赖于地方的传统、生活方式和艺术的推广。历史街区和环境的再创造和翻新非常盛行，以致它们成为"遗产产业"的中流砥柱。基于人物和地方历史进行商业开发的"遗产产业"已遍布全球，正跟随着联合国教科文组织的世界遗产目录的步伐。一个重要结果是城市文化环境在不断通俗化、细碎化的迪士尼化过程中变得脆弱。联合国人居中心（UNCHS）提到"城市独特的文化特点常常被国际形象和国际公司所淹没……地方认同成为装饰，一个为了辅助市场营销的公共关系工具"。原真性被打包、被木乃伊化、被固定、被展示，以吸引旅游者，而不是保护传统的连续性和历史创造者的生活"[10]。

但是，地方的建成环境越是被通用的和假的结构和环境所占据，地方保留下来的结构和环境就越有价值。人们的消费模式越雷同，反文化运动的土壤就越肥沃。跨国公司越是削弱国家和地方政府管制经济事务的权威，区域主义就越受到支持。物质化的文化和生活方式越是盛行，地方和民族认同就越有价值。信息高速公路进入虚拟空间的速度越快，人们就越是需要客观的环境——他们自己的地盘，一个特别的地方或者社区。追求利润和物质消费的步伐越快，人们就越珍视休闲时间。当他们的社区和城镇拥有同样标准化的超市、加油站、购物中心、工业区、办公园区和分区的速度越快，人们就越是需要家庭、中心感和认同的空间。联合国人居署提到"很多地方的人已经在传统文化、宗教、社会价值和标准的变化中迷失方向，被全球化消费文化的狂热控制。作为回应，很多地方重新发现了'场所文化'，强调它们的认同、来源、文化、价值观以及社区、地区、临近地区和镇的重要性"。[11]

## 1.3 宜居和可持续

经济和人口的停滞，伴随着全球化的影响，有些镇还出现了逆城市化的压力，突显了宜居和生活质量的问题。不管从哪个角度看，宜居都是一个复杂、多面的概念。它也是一个高度相对的概念：一些地方认为的宜居社区在另一些地方很可能不受人欢迎。这可能是文化差异或者生活标准的差别导致了人们对城市设计、交通和其他基础设施和服务提供的预期不同。尽管如此，对宜居的向往还是一个很强烈的想法。

在英国，社区和地方政府部在《英国城市状况》研究中提到"地方的政治和政策重要性正在提高，公众比以往更加注重地方的环境质量"。这个研究把宜居看作是生活质量的子集，主要关注空间质量和建成环境。这样看来，宜居就是"场所如何容易使用，如何感觉安全，如何通过创造友好愉悦的环境来维持场所感"。[12] 从这个角度，宜居主要是指设计和管理人们选择生活和工作的地方，这可以理解为城市间吸引人口和企业的关键竞争要素。与此同时，人们也认识到，宜居是非常地方化的，关系到四个互相影响的主题：环境质量、空间的形态特征、空间的功能效率，以及空间中的社会行为和公共安全。

在美国，国家研究理事会（National Research Council）资助了一个关于社会生活质量的研究。研究的结论是"宜居依赖于社会生活的三个互相依赖的方面：经济、社会福祉和环境。经济可以提供就业和收入、保障居民健康的基础（例如满足食物、衣服和住所等基本生活需求的能力）以及更高的需求（包括教育、医疗和休闲）。同时，经济应该有效利用来自大自然的原材料，以保障当代和下一代人有足够的资源可用。社会福祉很大程度上依赖于公平：经济和环境资源的社会和空间分配是否公平，管治系统是否包括所有居民。环境是很重要的基础设施，它能提供自然资源、吸纳废物降解的能力，联系人与自然世界"。[13]

图18　瑞士贝林佐纳

宜居很大程度上取决于户外空间的质量

### 1.3.1 "第三场所"和社区

对很多人而言,社会福利和宜居的一个重要方面是场所的环境和空间促进社会互动的能力。成功和有吸引力的地方(从本地人和外来人的视角)不仅需要好的基础设施、洁净和有吸引力的环境,而且需要有潜在的活力。日常的接触和经验的分享使我们产生共识,而共识可以强化场所感和社区意识。因此,在很多成功的地方,我们需要找到大量适合非正式、休闲聚会以及闲聊的机会:气氛友好的酒吧、一系列购物和餐饮的地方、街道市场、多种可以舒服坐着的地方、人看人、季节转换的安逸感;最重要的是,归属感、爱、好客、活力、历史文化的连续性。

"第三场所"是其中重要的元素。雷·欧德伯格(Ray Oldenburg)提出了相对于家(第一场所)和工作场所(第二场所)的第三场所,指出第三场所是"非正式的聚会场所,是非正式公共生活的核心,可以在家和办公室外举行定期的、自愿参加的聚会"。[14]第三场所是交谈和沉思的环境,可以读书、讲故事。每个人都受到欢迎,其基础是方便进入和对所有人开放。德国啤酒花园、英国酒吧、法国咖啡厅、意大利酒吧、咖啡屋、书店等都可以认为是第三场所。

刘易斯阿姆斯(The Lewes Arms)是英格兰苏塞克斯郡(Sussex)的一家有220年历史的酒吧(图19),是一个很好的第三场所的案例,同时也是第三场所可持续性面临挑战的例子。人们形容它像一个"社区的客厅,没有唱片点唱机、没有电视、没有水果老虎机(一种赌博游戏机)。它是一个以交谈为特色的酒吧"。[15]手机在这里是不允许使用的。刘易斯阿姆斯已经成为很多俱乐部和社团聚会的地方,包括钓鱼、棋类、飞镖俱乐部,还有三个板球队。它的常客们一直在此组织自己的运动日、收获节和演出。酒吧始终供应哈维斯(Harveys)——当地的啤酒(由一家始于1790年的家庭酒厂酿造,就在几百米外的奥斯河畔)。在2005～2006年度的大不列颠啤酒节上,哈维斯被评为最好的"苦啤"(淡麦芽啤酒,有相对较高的啤酒花含量)。但是,2006年自从刘易斯阿姆斯被格林王公司收购后,这种广受欢迎的啤酒不再供应了。原因是,格林王公司希望销售更多自己的啤酒(一种印度麦啤,在遥远的萨福克郡的圣埃德蒙兹伯里酿造)。超过1000名当地居民签了请愿书,反对这样的改变。但公司仍然我行我素,很多以前的常客因此联合抵制,不再使用该酒吧作为第三场所。

### 1.3.2 小镇可持续

可持续,就像宜居,也是与经济、环境和社会福利互相联系的。通常,人们用三个E表达可持续发展,分别指环境(Environment)、经济(Economy)和社会公平(Equity in Society)。[16](图21)将环境可持续与经济发展和社会公平联系在一起,已经是一种规范的说法。宜居性和可持续的差别在于可持续包含了更长远的视角。可持续发展的概念通常会引用《布伦特兰报告》(Brundtland Report)的说法。该报告从全球的尺度讨论了可持续发展的问题,提出可持续发展是"满足当代需要的发展,同时不危及未来若干代人满足他们需求的能力"。[17]事实上,这只是报告中提到的可持续发展概念

**图 19　苏萨克斯郡刘易斯镇**

刘易斯阿姆斯是当地一家传统酒吧，被一个全国连锁收购。

**图 20　匈牙利佩思特（Pest）**

中央卡夫哈兹（Central Kavehaz）是一个有历史的经典咖啡屋，在作家圈中很受欢迎。

中的一小部分。可持续发展还延伸到复兴经济增长，满足工作、食物、能源、水和卫生等基本需求，确保人口和资源的平衡，保护和加强资源基础，重新设定技术的发展方向和风险管理，在决策中综合考虑环境和经济，以及重新考虑国际经济关系的方向。

讨论到城市可持续时，人们都很清楚不持续的小镇发展存在的问题：结构性的经济下滑、环境恶化、人口外移、社会隔离、社会排斥、反社会行为、特色和场所感的消失。但要确认什么是（或者可能是）可持续的小镇却比较难。对于很多人来说，可持续发展的意思差不多就是强烈的反城市情绪。尽管有这些偏见，但是在城市环境中，可持续发展的社会经济维度是至关重要的，它们包括在全球化影响和互相依存背景下，需要维持当地的社会文化属性（例如社区性和好客性）。它们也包括与贫穷和不平等有关的社会发展问题以及医疗和教育的可达性。最后，它们包括社会、文化、政治情感方面的问题。这些关乎一个社区应对物质环境和经济环境变化而变得更加可持续的意愿和能力。[18]

在城市语境中，经济、环境和社会福祉相互关联的复杂性和模糊性意味着这个话题可能会让人难以承受。对于地方的规划师和决策者来说，这可能会导致令人绝望的惰性。在实践中我们发现，3 个 E 之间的平衡并非易事，因为它们之间存在各种冲突。特别是，如果要给很多人提供经济发展的机会，就会常常与环境保护相冲突。但是，越来越多的人呼吁要用地方解决方案应对棘手的全球问题。这意味着小镇可持续越来越受人重视，而且越来越多的社区清醒地意识到 3 个 E 的三条"底线"。

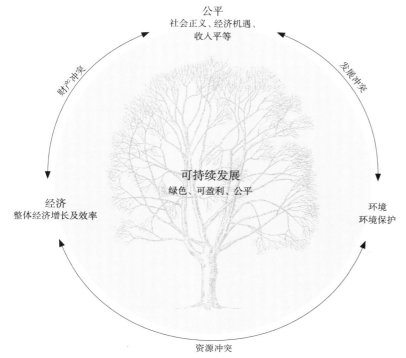

公平
社会正义、经济机遇、
收入平等

财产冲突

发展冲突

可持续发展
绿色、可盈利、公平

经济
整体经济增长及效率

环境
环境保护

资源冲突

图 21　可持续的 3 个 E

圆圈表示 3 个可持续目标之间的互相依
赖关系。公平、环境和经济的考量之间
常常发生冲突，但是如果它们能互相支
持，那么就能促成可持续发展。小镇应
该发展一些联合 3 个可持续目标的项目
和政策，努力实践圆圈中心的目标——
可持续发展。

来源：Campbell, S., "Green Cities,
growing cities, just cities？ Urban
planning and the contradictions
of sustainable development."
*Journal of the American Planning
Association*, Vol. 92, No. 3, 1996.

**图 22 意大利奥维托（Orvieto）**

位于古斯托广场的"慢城"总部。

# 2

## 为小镇的变化而动员

对可持续和宜居感兴趣主要有两方面的原因，一是人们想应对全球化这一深远的经济、环境和社会—文化力量，二是人们也想回应统治当代社会经济动力的工作—消费生活方式。从这个角度来看，可持续是对一系列城市问题的回应。这些城市问题包括：能源消耗和气候变化、环境恶化、食物供应、饮食和肥胖、交通拥堵和社会两极分化等。在实践中，这种反应通过很多方式展现，从草根社会运动、非赢利组织、职业团体到政府机构、超国家机构，以及越来越多对环境保护、社会事务有良好兴趣的公司。

### 2.1 对抗全球化的动员

全球化及其结果在全球各地以各种方式被接纳、调整和抵制。老式的示威游行是对抗全球化的一个有力方式（图23、图24）。法国的农户就常这样干，他们为了抗议欧盟的贸易自由政策，经常用拖拉机、农产品、肥料甚至动物来阻塞道路。当八国集团、世界贸易组织和世界银行开会的时候，我们就能看到大规模游行。参加游行的人们都担心，新自由主义的思想已经主导了经济的全球化。"课征金融交易税协助公民"组织（ATTAC，一个成立于法国的全球化组织）认为，新自由主义的思想强调自由市场（支持跨国企业和金融市场利益的投机逻辑），破坏地方决策、民主制度和主权国家，并加剧了经济的不稳定和社会的不平等。[19]

人们也通过环境运动来回应全球化带来的不受欢迎的副作用。"绿色和平"和"地球之友"是这类环境运动非政府组织的代表。有些运动不仅关注传统自然和野生环境，而且开始关注人类生态和社区福祉。在政治领域，绿色运动出现了。他们坚定地关注城市环境。例如，用绿色的概念来思考城市交通，越来越多城镇、政府机构在决策时已考虑了环境、社会和经济对交通的影响。分时租车、共享单车和步行化区域等概念在政府文件中经常出现。除此，还出现了很多创新和实验性的方法。例如奥地利的格拉兹（Graz）回收用过的食用油，供全市130台公交车使用。这个项目减少了排放，也节约了10% ~ 20%的燃油费用。这是欧盟"奇维塔斯"（CIVITAS）计划的一部分。这个计划已经为36个城市的可持续城市交通项目投入了超过3亿欧元。[20]

**图 23　加拿大蒙特利尔**

示威者抵制转基因生物。

**图 24　意大利热那亚**

2001 年八国集团会议期间国家宪兵队守卫麦当劳。

**图 25　有机食品**

改变消费者偏好体现在很多超市现在提供基本类型的有机水果和蔬菜，有时候还是在本地采购的。

## 2.2 本土、有机、原真、慢下来

在更大的层面上，消费者对宜居和可持续问题的认识促成了新的变化。市场研究者很快发现并确认了新的细分市场——追求健康和可持续生活方式（LOHAS，又称"乐活"）的消费者，大约16%的成年人属于这个细分市场。"乐活"消费者会基于社会和文化价值做出购物和投资的理性选择。他们感兴趣的产品涵盖市场的很多方面，包括绿色的建筑供应和能源系统、可替代性医疗、健身产品、有机食品、个人发展媒体、生态旅游以及有社会责任的投资和"绿色仓储"。在日本，消费者市场研究院将"慢生活者"定义为事业有成的中年男士，社会和经济地位稳定，有特定的生活方式。[21]

最显著的消费变化趋势可能是"有道德地吃"。人们开始倡导素食主义、有机食品、公平交易商品和农户-消费者的直接市场。有机食品成了这个趋势的主流（图25）。[22] 尽管如何确认"有机"还值得商榷，但已有了不少共识——有机食品必须在生产过程中不使用化肥、杀虫剂和转基因技术，有机动物产品应该是放养的，而不是圈养的。有机食品含有较多的矿物质、微量元素、维生素C，而小型有机农场更加支持野生动物、昆虫和鸟类生物多样性，更少使用能源，比通常的农场产生更少的污染。

但是，有机食品的成功却加剧了可持续平衡中3E之间的紧张。最惊人的例子是大量的有机食品正从亚洲和南美的农场空运到欧洲和北美的超市。为了降低有机食品的价格，大规模生产（工业化的有机）产生了，于是削弱了小型、地方有机农户的竞争优势。大型有机农

业也想使用"有机"的头衔，例如，地平线和北极光是美国最大的两个牧场，它们在室内给成千上万头牛喂有机谷物，却不让牛在草地上吃草。

### 2.2.1　农贸市场

有机食品的流行伴随着对新鲜的、本地出产农产品需求的增长。这使农户 - 消费者直接交易的市场变得特别流行（图 26、图 27）。农场商店和农贸市场的数量不断增加。例如，1974 年当美国联邦政府通过《农户 - 消费者直接销售法案》允许农户在路边兜售农产品时，美国全国只有不到 100 家农贸市场。到 1994 年，这个数字增加到了 1755 家，到 2006 年就有了 4385 家。在英国有 1000 家农场商店出售本地食品，还有 550 家农贸市场。绝大多数农贸市场都有社区基础，并得到志愿者团体和地方政府的支持。在英国，市场的平均摊位数是 24 个；温彻斯特是最大的，有 100 个摊位。在某些情况下，农贸市场的流行也让人感到了一丝隐忧，因为商人从外地来，出售外国的农产品和廉价商品，会让它们失去特色。所以，越来越多城镇不得不对农贸市场制定经营规定，规定谁是本地卖家，禁止或者限制非本地商品的销售。

### 2.2.2　吃本地的

另一个类似的趋势是"吃本地的"运动。人们强调吃本地和当季生产的水果、蔬菜、肉类，而不是从远处运来的、长期储存的。可能是出于食品安全的考虑和"乐活"消费者对环境的敏感，餐厅和杂货店已经与小型农户形成合作，由小型农户专供一部分食物。在美国，威格曼（Wegmans）和全食品（Whole Foods）两家"乐活"导向的超市连锁已经系统性地为它们的每个门店形成了这样的合作。"吃本地的"运动也得到了公共发展部门的推动，它们支持地方和区域节日以鼓

**图 26　意大利斯皮林贝戈（Spilimbergo）**
在每年的交易会上，本地奶酪是特色。

**图 27　意大利奥维托（Orvieto）**
十月的周六农贸市场。

励健康饮食、多样化农业经济，促进农业旅游，同时也是为了缩短食品运输的距离。

### 2.2.3　公平交易

人们逐渐认识到可持续发展涉及地理边界间的互相依赖。而农场商店和地方农贸市场也在快速增长。以上两个因素促成了"公平交易"运动。这个运动始于 1960 年代到 1970 年代的欧洲。人们推行公平的价格，以此确保不发达地区产品达到社会和环境的标准。到了 90 年代，认证和标签系统发展出来了，成立了国际"公平交易"

标签组织，这是一个有 17 个国家标签团体参加的联盟组织。这个组织维护"公平交易"标签的标准，并给达到这个标准的合作者颁发认证。有"公平交易"标签的商品是以承诺的最低价格出售，价格包括由消费者支付给民主组织的合作者的社会保险费，以及各合作者用于处理设施、学校、医院等基础设施的投资。"公平交易"产品满足环境可持续标准和国际劳工组织规定的工作场所要求。这个运动特别关注从发展中国家出口到发达国家

的咖啡、可可、香蕉、棉花以及手工产品。"公平交易"产品的所有价值只占欧洲、美国和加拿大所有产品的 0.5% ~ 5.0%，对于整个国际贸易流来说是非常小的。但截至 2006 年，全球超过 1.5 亿弱势生产者可以直接从"公平交易"中获益。[23]

欧洲的很多小镇推行了这个运动，因为它们想寻求可持续发展的更多元的办法。有些镇成了"公平交易"镇，地方议会通过决议支持"公平交易"，决定在它们的办公室和食堂提供"公平交易"的咖啡和茶；同时确保"公平交易"的产品在镇的商店、咖啡馆和餐厅出售，并在工作场所和社区组织使用。"公平交易镇"运动始于 2000 年的英格兰的加斯唐（Garstang，有 4000 人），到了 2008 年，英国有 275 个地方加入了这个运动，还有大约 230 个正在为加入做准备。在比利时，北部的弗兰德斯地区有三分之一的镇达到了"公平交易镇"的标准。法国有 100 个"公平交易镇"。在挪威、瑞典、意大利、爱尔兰和美国，"公平交易镇"运动方兴未艾。[24]

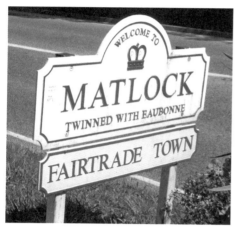

图 28　英格兰马特洛（Matlock）
英国的"公平交易镇"之一。

图 29　弗吉尼亚的艾什伯恩（Ashburn）
该镇的"美国平底披萨店"的大部分食物是有机的，而且是本地食物。木柴烤炉是由弗吉尼亚红泥制作，冰茶的茶叶是本地产的，并在本地农场包装。手绘的洛顿县（Loudoun）地图挂在餐厅的后墙上，标出了提供餐厅原材料的农场和奶牛场。

**图 30　瑞士卢加诺（Lugano）**

本地农产品是该镇百货商店的特色。

## 2.2.4　慢下来

这种由消费者推动的变化，在很大程度上是一种更广泛的哲学变革，其特征是要应对当前社会经济和文化动力驱动的工作—消费生活方式的负面影响。简单的说，这个变化就是生活从"快"到"慢"的变化（表2.1）。这个标签不能太字面地去理解。正如卡尔·奥诺尔（Carl Honoré）所描述的："快就是忙、控制、好斗的、着急的、分析的、有压力的、肤浅的、不耐烦的、活跃的、量大于质。慢则是相反的，是平静的、认真的、从善如流的、静止的、直觉的、不着急的、耐心的、反映的、质大于量。慢是与人、文化、工作、食物、所有东西建立真实的和有意义的联系……慢的哲学可以归纳为一个词'平衡'。需要快的时候才快，需要慢的时候一定要慢。生活也应像音乐一样，有正确的速度"。[25]

原真性是慢的，标准化是快的。个性的是慢的，特许经营是快的。安静是慢的，噪声是快的。树木是慢的，水泥是快的。自行车道是慢的，停车位是快的。慢的哲学已经有了很多应用。例如，相对于高科技的、以药物为中心的常规医疗手段，慢疗法使用的是一种对健康的整体哲学。慢运动的先锋是慢餐。

对立的途径：快和慢　　　　　　　　表2.1

| 途径 | 主流（快） | 替代（慢） |
|---|---|---|
| 特点 | 同质的 | 异质的 / 因地制宜的 |
| | 单一需求 | 多样需求 |
| | 不公平的 | 公平的 |
| | 工业化 | 手工艺 |
| | 标准化的 | 定制的 |
| | 公司的 | 草根的 |
| | 不可持续的 | 可持续的 |
| | 拷贝的 | 原真的 |
| | 低质的 | 高质的 |
| | 可复制的 | 资产专用性 |
| | 对地方历史、文化不敏感 | 对地方历史、文化敏感 |
| 例子 | 城市巨型项目 | 社区经济发展 |
| | 追求制造业 | 慢城 |
| | 工业化食品系统 | 慢食 |

## 2.2.5 慢餐

慢餐运动可以说是对全球化的直接反击。它将成为文化堡垒，用以对抗麦当劳、星巴克、沃尔玛和其他标志着快节奏世界的无情霸权。1986年，意大利记者和美食作家卡罗·佩特里尼（Carlo Petrini）惊闻罗马市中心的西班牙广场要开麦当劳餐厅，于是他成了慢餐运动的创始人。慢餐这个名字主要是要体现相对快餐的质量：可持续种植、手工制作、新鲜、地方、时令农产品、代代相传的配方、与亲朋好友聚餐的放松环境。意大利很多人取得了共识：快餐是文化侵略和腐蚀，严重威胁健康饮食、就餐的社会性以及值得珍视的生活方式和节奏。而慢餐哲学是佩特里尼所说的"安静"：平静、不慌张、身心的"充电"。慢餐运动还要保护"品味"的权利，方式是多样的，例如保护濒临灭绝的传统食物，呼吁重视饮食的愉悦感（包括分享餐食的社会意义），开展品味教育，关注传统农业方法和技术等。

1989年慢餐运动正式开始，它的宣言表明了它的目标——"重新发现地方（区域）烹调的味道和风味，并消除快餐的恶劣影响"。慢餐运动的目标还包括"对抗快餐和快节奏生活，应对传统食物的消失，让人们对食物本身、食物产地、如何品尝和食物对世界的影响重新感兴趣"。[26]慢餐运动触及了让地方经济保持活力的关键。特别是，基于地方的慢餐运动旨在维持地方性经营（包括肉店、面包店、餐厅和农场）的活力。慢餐也重视地方的特色，如传统特产、传统食物，制作红酒、芝士和栽种水果、蔬菜的方法，以及准备和烹制招牌菜式的方法。这个运动的核心是本地的概念，食物和红酒要体现本地的土壤、气候、文化和传统。用卡萝·佩特里尼的话来说，本地的概念是"自然条件（土壤、水、坡度、海拔高度、植被、微气候）和人文条件（传统、耕作方法）的结合，可以给每个小农业地区以及生产、培养、制作和烹调于此的食物以特色"。[27]这个说法有很长的历史。1855年，法国第一次对这个概念立法，拿破仑三世设立了波尔多葡萄酒产区，接着，其他葡萄酒区也得到了确认，还有其他传统食品的产区，例如意大利火腿的帕尔马产区、香醋的莫德纳产区。1992年，欧盟引入了一系列规则以保护原产认证。2008年，欧盟已经确认了差不多750个地区特色食品。"慢餐"运动对地区的理解联系了地方的环境要素，以及居住在该地和世代在该地生产传统食物的人们的历史文化。

慢餐运动在100多个国家拥有80000个参与成员，已经成了餐饮界的重要组成部分，拥有地方组织的晚宴、品酒会和各类节日庆典的庞大网络。慢餐运动总部设在意大利皮尔蒙特（Piemonte）的布拉小镇（Bra，29000人），有130名员工负责编辑各类手册，例如每年一期的《意大利餐厅》（物美价廉的意大利餐厅的可靠信息来源），并且组织该运动两个最重要的战略性计划："品味方舟"和"坚守"计划（Presidia）。推广奥斯特里亚类型的餐厅（Osterias，即小酒馆和廉价餐厅，以酒为特色，美食用来搭配酒），支持小型企业，保护地方文化、传统。提供传统食物的餐厅大多是家庭拥有的。它们可以提供简单的服务和好客的环境，提供地方美味和红酒，最重要的是费用不高。慢餐运动支持这些小商户，用以替代快餐厅。

联系环境与社会经济要素是慢餐运动"品味方舟"计划的核心思想。"品味方舟"通过分类目录和项目推广来保护濒临灭绝的传统美食，如皮尔蒙特小牛肉、安第斯玉米、未经巴氏消毒的英国芝士等。一个产品要列入方舟的目录，要满足以下要求：它们必须与特定的产地相联系（例如，使用地方原材料，使用传统的制作方法）；它们必须与环境、社会经济和历史上的特定地点相联系；它们必须由小生产者以限量的方式生产；它们必须面临现实和潜在的消亡危险。

有个例子很好地说明了如何与特定的环境和地方经济相联系，这就是意大利五渔村（Cinque Terre）的葡萄酒。这个地区位于意大利西北部的地中海沿海，以陡峭的平台状的山脉著称，产于陡峭山间的葡萄酒变得日益稀少，与之相关的文化景观也面临威胁。慢餐运动通过宣传葡萄酒沙克拉特红酒（Sciacchetrá Wine）的质量来推动对当地葡萄园的保护，更好的质量意味着更高的价格，这可以让村里的年轻人

图 31　意大利布拉

在这个"奶酪之城"举行的一年一度的交易会以慢餐产品和实践为特色。

图 32　慢餐出版物

慢餐书籍和杂志强调高质量的食物和红酒，教授消费者关于制作精致食物的技巧、农作物的种类、动物的品种，推广高质、干净和公平的食品。

愿意成为酿酒师，从而愿意继续照顾葡萄园和维护当地的景观，愿意参加提高红酒质量的培训。

"坚守"计划（Presidia，拉丁文"堡垒"的意思），是传统农业或食品生产的前哨，被慢餐运动所关注。一个"坚守"项目可以是单一的产品生产商（例如奶酪商生产罕见的山区奶酪品种），也可以是一个村庄联合起来销售一种产品。2000年公布的第一批92个"坚守"计划都在意大利。2001年，意大利的库珀集团（Coop，意大利最大的食品零售商）与慢餐运动签了一项协议，将它的商业品牌与一些"坚守"计划挂钩，支持该运动的教育目标和农业政策战略(图33)。到2007年，"坚守"计划已遍布43个国家，其中在意大利有195个。[28]

同时，"品味沙龙"的国际节庆每两年在都灵召开，已经成为美食盛事、烹调展览和大型农产品市场的综合活

**图33 意大利米兰**
意大利库珀超市销售慢食认证农产品。

动，吸引了超过13万参观者。

## 2.3 为可持续建立交流网

农贸市场、有机和地方食物运动、公平交易镇以及慢餐运动不断取得的胜利，是在全球化世界中地方尺度宜居性和生活质量重要性的证明。小镇的可持续发展策略应该重视内生性因素，培育地方比较优势、地方资源、地方产品和地方特征。我们认为这个建议应该通过镇之间的合作网进行宣传。地方商业领袖、社区团体、政府机构之间建立合作，交流信息、想法和优秀案例，开展宣传。近些年，合作的趋势在逐渐上升。一些是草根组织，一些由国家或者跨国组织资助，还有一些则是更加综合的形式，通过兼顾可持续发展的3个E，强调宜居性和生活质量。

### 2.3.1 经济发展合作网

对于小镇和它们的居民而言，可持续发展意味着培养管理变化的能力，应对区域、国家和国际层面的众多经济力量影响。由于没有足够资源聘用不同领域的专业人士，小镇常常处于劣势。除此，小镇还被忽视甚至排除在很多跨国（例如欧盟）、国家和区域的可持续发展计划之外。对于很多镇来说，经济生存是第一要务。对经济发展的追求往往简单地采取吸引外源性投资的方式——吸引制造业（烟囱角逐，smokestack chasing）。但通常对于小镇而言，这其实是个"零和"游戏。即使各镇成功吸引到内向型投资（通常是建立分厂、呼叫中心、零售连锁等），通常也以昂贵的激励政策为代价，同时大量的获利流回了其母公司。

从中期和远期来看，如果外部公司改变了战略，小镇们就会陷入减资的困境。因为很多小镇已经经历了长期的经济停滞和衰落，所以很多新的合作网主要关注经济发展。一个来自美国的很好的案例是"北卡罗林纳小镇倡议"。这是一个非营利的合作组织，特别关注历经企业关闭、失业、自然灾害破坏或者长期贫困的小镇。这个合作组织开展教育和培训计划、研究和数据收集、伙伴关系的合作发展、基于互联网的交流，以及为实现再利用和保护、创造就业机会和发展规划政策的项目提供实施基金。[29]

在欧洲，欧盟的区域发展基金已经成立了"小镇合作网"（Small Town Network），作为北方边缘计划（Northern Periphery Programme）的一部分。这个合作网的宗旨是鼓励格陵兰、冰岛、法罗群岛以及芬兰、挪威、苏格兰、瑞典的偏远地区的更新，通过支持志愿团体（由地方企业和社区组成）来宣传区域组织和地方团体的计划[30]。欧盟也资助阿尔卑城（the AlpCity）项目。这个项目主要关注阿尔卑斯山地区小镇的地方发展和城市更新。这些小镇如同北部边缘地区的小镇一样，位于脆弱的自然环境中，历经长期的社会经济衰落，没有足够的公共和私人服务，建成环境不断恶化，人口老龄化，文化设施极其有限。与北部边缘地区不同，它们是欧洲相对富裕地区的贫困孤岛。[31]

与此相对，在经历长期经济停滞和衰退后，有些小镇需要应对突发经济增长的问题。由于逆城市化、缙绅化、远郊发展，有些小镇得到了发展。但这些小镇也承受了"成长的烦恼"，例如商业用地紧缺、高度的小汽车依赖、传统功能的丧失、社区设施的短缺、社区传统和所有权丧失，通常还有认同的危机。欧盟成立了SusSET（维持小镇增长）计划，[32] 整理传统小镇应对经济增长的最好对策。在这个合作网中，有英国苏格兰的艾隆（Ellon）、因弗鲁里（Inverurie）、斯通黑文（Stonehaven），瑞典的奥莫尔（Amal）、孔艾尔夫（Kungalv）和斯特伦斯塔德（Stromstad），波兰的赫尔（Hel）、劳恩堡（Lebork）和普克（Puck），希腊的阿基渥（Aeghio）、迈索隆吉翁（Messolonghi）和皮尔戈斯（Pyrgos）。

### 2.3.2 卫生和环境可持续合作网

最早的也是最大的关注卫生和环境可持续的城市网是"欧洲卫生城市网"，由世界卫生组织欧洲办公室在 1987 年成立。这个网络的目的是创造提升卫生和生活质量的物质环境。卫生城市的核心策略体现在《卫生 21 和地方 21 世纪议程》（世界卫生组织的主要政策框架）、《卫生城市雅典宣言》、《奥尔堡宪章》。[33] 这些文件旨在鼓励全欧洲的地方政府通过关注环境公正、社会可持续、社区赋权和城市规划创造卫生和可持续的城市环境。截止到 2013 年，有 1400 个欧洲城镇被评为"世界卫生组织卫生城市"（WHO Healthy Cities）。这个计划现在已经是第五阶段（2009 ~ 2013 年）了。在这个阶段，合作网中的城镇主要致力于三个核心主题：关怀性的和支持性的环境、卫生生活，以及卫生城市设计。

可持续发展在生物环境方面的主要表现是生态城市运动（Eco-City movement）。根据 1990 年在美国加利福尼亚州伯克利召开的第一届国际生态城市会议上所确立的城市生态学原则，该运动包括如下目标：

- 鼓励循环利用，适当的技术创新和资源保护；
- 在商界提倡环境友好型经济活动；
- 提高关于可持续发展的地方和区域生物环境意识；
- 修复不健康的城市生物环境，如水道和岸线；
- 再组织土地利用，鼓励在公共交通节点和交通设施周边开发形成紧凑、多样、绿色、安全、愉悦和混合使用的社区；

- 重新调整交通方式的优先权，鼓励步行和自行车交通，而不是小汽车；
- 鼓励地方农业和社区公园。[34]

加拿大阿尔贝塔省的欧克托克镇（Okotoks，17145 人）是世界上第一个基于生态城市原则编制发展规划的城市。1998 年它基于基础设施发展和环境容量确定了发展目标，编制了规划。这个镇的水规划包括保护措施、新的污水处理厂，以及与周边地区合作保护流域。德拉克兰丁（Drake Landing）太阳能社区是该镇总体规划中规划的社区，利用一个直接的能源系统在夏季储存太阳能于地下，并在冬季利用这些能源为每家每户供暖。[35]

事实证明，将生态城市原则转换进新镇的设计中是很难的。最公开的和最具雄心的例子是中国上海郊区的崇明东滩。东滩生态城市项目原计划于 2010 年建成，可以容纳 5 万人，最终达到 50 万人。这个镇的规划由伦敦的奥雅纳公司（Arup Urban Design）编制，采用了一系列节水技术，减少碳排放，而且不需要填方，采用"能源中心"统一管理来自风力、生物燃料和循环有机物质的电力，废物要尽可能再利用，有机物要用来堆肥或者作为生物能源的原料，污水要妥善处理，可用来堆肥，污水处理后的中水可以用来灌溉。[36] 这个城市是 2010 上海世博会未来生态城市规划的范例。但是这个规划时至今日并没有得到很好的实施，今天我们能看到的只有一个风力发电场。

跟东滩一样雄心勃勃的另一个规划是阿联酋紧临阿布扎比的一个特别自由区内的马斯达市（Masdar，零碳、零废城）。该市规划由伦敦的福斯特公司设计，这个城镇将基于混合使用和古代有围墙城市的高密度原则，结合现代的替代性能源技术而修建。占地6平方公里的场地将容纳5万居民、1所大学、一个创新中心、阿布扎比未来能源公司总部和一个最多可容纳1500家清洁技术公司的经济区。[37]

与东滩不同，马斯达首期的居民点建设已经开始。但是，批评家们仍然担心：这个城市只是一个象征，一个"明星建筑"的幻境；因为造价高昂，这个城市将变成有钱人的奢华乐园。

在日本，经济贸易和工业部以及环境部共同推动了基于3R（减量、循环、再利用）理念的生态城市计划。[38] 日本的生态城市大多是中等规模的城市，如千叶、岐阜、川崎、北九州、高知、直岛、冈山、铃鹿、富山等。这个网络中的小镇有釜石、五日、水俣（臭名昭著的水俣病因此地得名，病因是1950年代排入大海的含汞工业废料）、大牟田、莺泽等。这个计划的重点是创新，特别涉及绿色采购、绿色消费、工业生态学、延伸的生产者责任、社会责任投资、整合水管理、绿色标签、联合社会责任。这个计划提供资金支持，获批准项目的三分之一的费用由两个部来补贴。

最后，"转型镇"（Transition Towns）合作网出现了，它的目标是发展"能源下行路径"。"能源下行路径"的战略规划旨在减少对化石燃料的依赖，越来越依赖自我，以应对石油顶峰（已知石油储量的即将下降）和气候变化的双重挑战。"转型镇"总部设在英国，成员遍布爱尔兰、澳大利亚、新西兰。它们的思路基于这样的假设：既然我们在能源增长的时候可以投入大量的创造力、独创性、适应性，那么就没有理由在能源减少的时候不能

做相同的事。这个想法基于一个类似维基百科的合作式网页，每个成员都可以创建、编辑和链接他们的网页。[39]

### 2.3.3 宜居性和生活质量的合作网

一些小镇合作网涉及的方面更广，用含蓄的而不是直接的方式应对可持续发展的3E。例如，一个始于奥地利的项目叫做"临近地区的生活质量"，是一个比较宽泛的框架，用以针对经历经济衰退和人口外迁，并且丧失主要社会和经济服务功能的小镇。[40] 现在超过180个小镇是这个合作网的成员，它们为了加强小镇的宜居性而开展活动。例如，奥地利小镇斯坦巴赫（Steinbach）在1980年代中期开始关注生活质量。这个镇1960年代丧失了餐具工业，经历了经济危机、人口外迁，放弃了它既有的镇中心。自从加入了这个项目，这个镇创造了180多个就业机会。它开始保护和营销当地传统的苹果品种，40%的居民成为志愿者。它又重新激发了镇中心的活力。一个空置的传统乡村餐厅现在变成了咖啡店和当地超市。这个项目一直鼓励居民关心该镇生活质量，因此当地居民积极的参与是成功的关键。同样重要的是市长和议员的参与，因为只有镇议会才能批准是否参与项目。

有两个重要的合作网，将会在之后的章节中提供创新和实践的范例。第一个是"市场镇"计划，由英国的中央政府创立，是自上而下的，却成功转变为地方驱动的组织。第二个是"慢城"合作网，是一个坚决回应全球化的草根运动。

### 2.3.4 为市场镇而行动

在英国，最初由中央政府乡村局组织的"市场镇"合作网已经被一个名叫"为市场镇而行动"的非营利会员组织接管。这个组织是一个交流平台，成员就如何发展和分享优秀案例提供信息和建议；同时在政策影响市场镇的时候，它作为全国代表出席。这个组织最成功的地方是发放"市场镇工具箱"，囊括社区参与、项目资助、培训、交通和商业支持等多方面的建议。它还有一个70页的"健康检查"手册（最初是乡村局制定的），已成为评价一个镇的固定程序。检查的内容包括镇有关经济发展、环境质量、社会和社区事务、交通设施完善程度等方面的优势、劣势、机会。在实践中，健康检查揭露了英国市场镇的很多问题：有限的就业机会（特别是针对年轻人），有限的休闲设施，衰落的镇中心、零售区、主要道路和废弃地，不完善的交通设施。[41]

市场镇与地方食物和农业的传统联系，连同当今人们对地方、有机食物的兴趣增加，这些背景促成了"为市场镇而行动"组织制定了结构化的程序以评价和开发各镇的地方"食物经济"。这个结果就是"食物检查"手册。这个手册的设计在于帮助各镇重新评价乡村、传统农耕方法、生产和销售独特新鲜的地方食物之间的联系。由此，"为市场镇而行动"已经成功地推动开发了地方食品商业网、地方食品分布的商业计划、地方品牌计划、食品活动（如食品节事、地方食品目录），还有在学校里推广地方食品。

同时，英国的乡村局（现在合并到"自然英格兰"这个新的政府机关

**图34　英格兰布莱特波特**

多塞沿海地区的"示范镇"，主要关注地方美食。

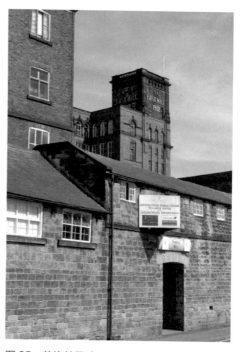

**图35　英格兰贝珀**

纺织和针织业的收缩导致大量的房屋空置。贝珀位于德温山谷，工业革命早期最早的纺织工厂就在这里，现在是联合国世界遗产。

中）已经资助了一个由16个"示范镇"组成的合作网，目的是展现市场镇经历的种种问题和挑战以及其他镇可以从中学到的经验。"示范镇"并不是最好的，只是它们的发展工作是由地方政府、商家和社区合作组织完成的，可以提示其他镇的合作工作以及国家政策的发展。每一个示范镇合作都针对一个具体挑战。例如，多塞（Dorset）的布莱特波特（Bridport）（图34），它的重点是地方美食；坎布里亚（Cumbria）的廊顿（Longtown）主要针对可再生能源；德比郡的贝珀（图35）关注空置房屋；北约克郡的里士满（Richmond）是关于古迹导向型更新；萨福克（Suffolk）的纽马克（Newmarket）关心廉价住宅；斯塔福德郡（Staffordshire）的尤托克西特（Uttoxeter）关注整合交通。[42]"为市场镇而行动"健康检查已经成了鼓励合作形成的催化剂。

### 2.3.5 慢城

慢的哲学和慢餐运动已经为小镇网创造了意识形态平台——慢城运动。这个运动构成了与宜居性、生活质量、可持续发展有关的最广泛和最草根的实践。慢城运动与慢餐运动密切相关，互相补充。从更大的视角来看，两个组织都支持地方和传统文化，赞同对休闲的关注，鼓励享受和好客。尽管它们的动机都是生态的和人文的，较少考虑政治，但是它们都反对大企业和全球化。

慢城运动始于1999年10月。一个塔斯干（Tuscan）山区小镇——格雷维·因·基安蒂（Greve-in-Chianti）的镇长保罗·撒图尼尼（Paolo Saturnini）与其他三个镇（Orvieto，Bra和Positano）

的镇长在奥维多（Orvieto）召开了会议，界定慢城的属性。这四位镇长承诺致力于发展更加安静、更少污染的物质环境，保护地方美学传统，珍惜地方工艺、农产品和餐饮等一系列原则。他们也保证使用新技术创造更健康的环境，让市民更好地理解悠闲生活的价值，分享了为了更好的生活而努力的管理解决经验。他们的目标是培育地方的发展动力，这一动力是源于美食和卫生的环境、可持续的经济和社区生活的传统节奏。

这些想法很快形成了有54项承诺的宪章。宪章特别倚重饮食的感受、好客传统的珍视、高质量特色美食的推广。慢城成员人口不应多于5万，必须承诺采取从有机农业的提升到建立游客品尝中心等一系列措施。它们还必须采取措施保护原材料的来源和纯净，抵御快餐和文化标准化的侵袭。[43]

提升地方的独特性和场所感与美食佳酿的享受一样重要。这意味着宪章也涉及城市设计和规划的很多方面。慢城候选人一定要承诺不仅支持传统地方艺术和产业，而且要支持可以为区域带来独特性和认同感的现代工业。它们还必须承诺要保护建成环境的独特性，保证多种植树木以创造更多的绿色空间，让广场没有广告牌和霓虹灯，禁止汽车鸣笛，减少噪声、光和大气污染，鼓励替代性能源的使用，改善公共交通，在新发展中推广生态友好的建筑。这个运动承诺管理要达到ISO9000的标准，环境管理和监督标准达到ISO14000。

达到"慢城运动"目标的第一步，需要靠市长对运动原则的坚守。从长远来看，成功还需依赖新的政治动力，形成支持慢城理想的城市领导、地方企业和居民的联盟。

**图36　慢城**

官方标识。

慢城运动的成员受到很严格的控制。城市若要获得成员资格，需要提交慢城原则承诺报告，之后还要准备六个方面的详细审计报告。这六个方面包括环境政策和规划、基础设施的使用、技术的整合、地方农产品和生活方式的推广、好客和生活节奏、场所感。运动由选举出来的10个市长组成的委员会进行管理，有1个主席、3个副主席、1个首席执行官。委员会成员都是志愿性质的。

2001年，首批28个慢城得到了认定，都位于意大利，主要位于北部和中部，特别是托斯卡纳和翁布里亚地区。到了2008年，已有70多个镇被认定为"慢城"镇。大部分仍然是意大利的城镇，但是澳大利亚（古尔瓦 Goolwa、喀土巴 Katoomba、威伦加 Willunga）、奥地利（恩斯 Enns）、比利时（斯利 Silly）、德国（戴德斯海姆 Deidesheim、赫尔斯布鲁克 Hersbruck、吕丁格豪森 Lüdinghausen、马里恩 Marihn、施瓦尔岑布鲁克 Schwarzenbruck、乌伯林根 Überlingen、瓦尔德基尔希 Waldkirch、维尔斯贝尔格 Wirsberg）、荷兰（米登 - 代尔夫兰 Midden-Delfland）、挪威（埃兹库格 Eidskog、莱旺厄 Levanger、索肯达尔 Sokndal）、新西兰（马塔卡纳 Matakana）、波兰（比斯库皮克 Biscupiec、比什蒂内克 Bisztynek、利兹巴克 Lidzbark、雷谢尔 Reszel、沃敏斯基 Warminski）、葡萄牙（拉各斯 Lagos、锡尔维什 Silves、圣布拉什 Sao Bras、塔维拉 Tavira）、韩国（世南、大江、莞岛、长兴）、西班牙（莱克蒂奥 Lekeitio、蒙希亚 Mungia、帕尔夫 Palf）、瑞典（法尔雪平 Falkö）、瑞士（门德里西奥 Mendrisio）、英国（艾尔舍姆 Aylsham、特威德河畔贝里克 Berwick-upon-Tweed、科克茅斯 Cockermouth、迪斯 Diss、林利斯戈 Linlithgow、勒德洛 Ludlow、莫尔德 Mold、珀斯 Perth）等国的城镇也得到了认证，此外还有300多个各国小镇申请加入。随着慢城运动在全世界的传播，它的组织和认证过程也变得国际化。例如，德国的"慢城"成员组织了一个非营利团体来管理德国的网络。他们把宪章翻译成了德文，并根据德国的国情进行了调整。例如，与意大利的宪章不同，德国的宪章包括判断是否有禁止基因工程作物和生物政策的指标。德国的乌伯林根（人口21300）就是使用这个指标的例子。这个镇在德国第一个禁止基因工程生物。"禁止基因工程生物"的指标符合"慢餐"的思想。这个指标鼓励各国采用真正符合自身需要的系统。总的来说，宪章里的六个主要领域还是一样的。在每个国家发展自己的慢城组织后，一些指标的数量和类型根据各国的背景发生了些许变化。

一个对"慢城运动"望文生义的指责是"慢城运动"会轻而易举地创造软弱无力、顾影自怜、孤立主义的社区。

图 37　意大利基亚文纳

处处都可体现好客的慢城。

图 38 德国乌伯林根

是"慢城"的成员，乌伯林根创造了"禁止转基因区"。照片的左边是科尼莉亚·魏瑟勒（Cornelia Wiethaler），她在该镇发起了禁止转基因作物和食物的运动。

这种社区会像陵墓一般，用对"慢"的清教徒式的热情替代快节奏世界中物质主义的狂热。但是，"慢城"并不是乏味、平淡、没有多样性、年轻人晚上无所事事的地方，"慢城"也不反对商业、创新和技术。"慢城运动"意识到了可能引发的问题，希望通过农贸市场、节日、创造有魅力的公共空间来传递活力；它也在空气、噪声、光污染控制系统，现代能源系统，废物回收厂，堆肥设施等方面使用新技术；它通过生态敏感的、区域原生的、美食推动的旅游来鼓励商业发展。但是，这里也有另外一个危险："慢城"认证可能会成为遗迹产业内的一种品牌认证形式。因为不超过 5 万人的具有魅力的小城镇，很容易因旅游而人满为患。所以，它们越是宣传慢节奏的生活，它们越将很快发生变化。在这种情况下，商店里的商品价格要上涨，咖啡馆也要丧失其到处水渍、烟雾缭绕、略显零乱的原真性。"慢城"越是出名，就会有更多的瑞典人、德国人、荷兰人、美国人选择将它们作为第二个家。房价会攀升，穷人和年轻人只能被挤走。对于这些"缙绅化"趋势的唯一解决办法可能是让这个运动推广遍布全球。

| “慢城”类别 | 活跃的“慢城”成员 |
| --- | --- |
| **环境规划** | |
| 城市设计 | 意大利：莱万托（Levanto）、基亚文纳（Chiavenna）、圣米尼亚托（San Miniato） |
| ISO认证 | 意大利：莱万托、卡斯泰尔诺沃·蒙蒂（Castelnovo Monti） |
| 循环利用和堆肥 | 意大利：奇塔德拉皮耶韦（Città della Pieve）、卡斯蒂廖内德拉戈（Castiglione del Lago）、库蒂利亚诺（Cutigliano）、泽贝罗（Zibello）、圣丹尼尔（San Daniele） |
| 饮用水保护 | 意大利：卡斯泰尔诺沃·蒙蒂 |
| 禁止转基因景观 | 德国：乌伯林根 |
| 生态土地利用规划 | 德国：乌伯林根 |
| 文化景观的保护 | 德国：赫斯布鲁克 |
| 替代性能源 | 意大利：库蒂利亚诺；德国：维尔斯贝尔格、施瓦尔岑布鲁克 |
| 气候变化策略 | 英国：迪斯 |
| “无塑料袋”镇 | 英国：科克茅斯 |
| 有机食物 | 英国：珀斯 |
| **基础设施规划** | |
| 公共交通规划 | 意大利：奇塔德拉皮耶韦 |
| **“慢城”意识** | |
| 参与性地方政治 | 意大利：卡斯泰尔诺沃·蒙蒂、圣米尼亚托、卡亚佐（Caiazzo） |
| “慢城”工作组 | 德国：吕丁格豪森；英国：勒德洛 |
| 学校食堂的本地食物 | 意大利：布拉、圣米尼亚托 |
| 家庭生活和休闲的提升、老年人活动 | 意大利：滨海弗兰卡维拉（Francavilla al Mare）；德国：瓦尔德基尔希 |
| **城市质量** | |
| 市中心重塑活力 | 意大利：莱万托、基亚文纳、圣米尼亚托；德国：吕丁格豪森 |
| 历史保护 | 英国：迪斯、特威德河畔贝里克、林利斯戈 |
| 垃圾管理 | 意大利：卡萨尔贝尔特拉梅（Casalbeltrame）、圣丹尼尔、特拉尼（Trani） |
| 绿色建筑 | 意大利：奇塔德拉皮耶韦、圣达涅莱德尔夫留利（San Daniele del Friuli）、波西塔诺（Positano）、卡斯蒂廖内德拉戈 |
| 社会公平 | 德国：瓦尔德基尔希 |
| “卫生区域”计划 | 德国：赫尔斯布鲁克 |
| “本地购买”运动 | 英国：科克茅斯、珀斯 |
| **好客** | |
| 停车管理 | 意大利：奥维多、圣米尼亚托 |
| 旅游策略 | 意大利：莱万托、圣丹尼尔；英国：特威德河畔贝里克、林利斯戈 |
| 食品节 | 英国：勒德洛、莫尔德 |
| 慢城出版物 | 意大利：卡亚佐 |
| **特殊项目** | |
| “氢”计划 | 意大利：奥维多、彭内（Penne） |
| 渔业中小企业扶持 | 意大利：滨海弗兰卡维拉 |
| 科普公共公园 | 意大利：翁布里亚（Umbria）的慢城小镇；德国：马里恩 |

### 意大利奥维多

奥维多（人口 21000 人）是"慢城运动"的创始成员，也是"慢城"的总部所在地。该镇坐落在一个凝灰岩高原上，190 米高的悬崖几乎是垂直的。这个位置可以控制帕里亚（Paglia）河谷，因此自古代以来就是战略要地。奥维多最早是建立在伊特鲁里亚人废墟上的罗马聚居区，接着被哥特人攻陷，后来又被伦巴底人夺取。这个繁荣的小镇曾经与佛罗伦萨和锡耶纳争夺入海口，曾被归尔甫派（教皇党）和吉柏林党（皇帝党）所争夺。它曾被教会控制，成为教皇党的避难所，后被放弃，之后，在 19 世纪成为意大利王国的一部分。由于交通不便，该镇被工业革命所忽略，近来才成为旅游巴士的短暂停靠站。现在该镇紧邻主要的南北走向汽车专用道，距罗马差不多 1 小时车程。奥维多如画的街道、中世纪大教堂、多彩的建筑立面（建于公元 1290 年）每年可以吸引 200 多万游客。

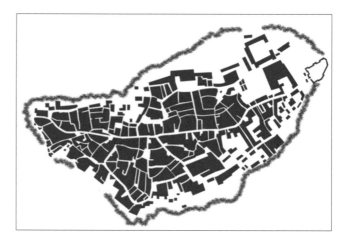

图 39　奥维多镇中心

图 40　共和国广场和市政厅

图 41　奥维多天际线

为了保护镇的肌理和居民的生活方式，前市长斯得芬诺·斯米奇（Stefano Cimicchi）成为"慢城"宪章的最早签署者。他的继任者斯得芬诺·墨施（Stefano Mocio）现在是意大利"慢城"组织的副主席。在任期内，他们为了提升生活质量和镇的可持续性采取了不少重要的措施。"慢城"成员形成了一个"信息池"，收集了有关慢城宪章不同方面的政策和项目。奥维多的特点是可持续交通，镇历史中心禁止汽车交通，使小镇避免交通、污染和噪声的干扰，游客的车辆可以停在镇中心下方一个公园的巨大停车场内，游客可以通过石头城堡内的垂直电梯到达上方的镇中心；在镇的另一端，乘火车来的游客可以通过索道缆车到达镇中心；在镇内，游客可以使用小型的电动公交车。2003 年，奥维多举行了"氢城市"宪章的签约仪式。签约人承诺为"基于可再生能源的'氢经济'做准备，人类最终成为完全整合在地球生态系统中的社区，推广以氢为基础的新能源机制，为我们的下一代，让地方和区域环境资源更加可持续"。[44]

"慢餐运动"的美食也深深地影响了奥维多"慢城"。该镇区划*禁止开设快餐厅和大型超市。学校食堂要使用有机食品并突出地方菜肴。每周五晚上，"慢餐"风格的晚餐会在古斯塔宫（以前曾是一个修道院，现在也是"慢城运动"的总部）举行。这个宫殿的二层是地区烹饪学校，为业余爱好者和专业厨师提供课程。酒窖可以品酒，并提供葡萄栽培和酿酒的教育课程。获得很高荣誉的当地白葡萄酒，由托斯卡纳塔比安诺（Trebbiano）、韦德罗（Verdello）、格莱切托（Grechetto）等

葡萄混合酿造，当地的火山矿物质发挥了神奇的点石成金的作用。这个镇还引入了公共分配机制，让市民可以通过种植他们食用的蔬菜与土地保持联系。这对老年人尤其重要，可以让他们保持活力，更加投入。最后，"慢城"组织极大地提升和改善了该镇的一系列文化活动，如翁布里亚爵士节、奥维多食品节等，吸引了不少国际游客。

图 42　中心区的交通限制

图 43　电力驱动的社区巴士服务

---

\* 类似我国的控制性详细规划——译者注。

图 44　德国韦德拉斯（Wederath）

# 3

# 环境可持续

自然环境的活力（可持续 3E 中的一个 E）以及为子孙后代保护环境资源的能力，对于小镇的可持续而言是至关重要的。很多小镇正在努力降低对化石燃料的依赖；为了清洁的空气和水而努力；控制垃圾量，向公众科普循环使用的好处；控制蔓延，使用创新的方法进行土地利用规划；确保生物多样性；鼓励和支持绿色产业以及生态友好型的营造技术。本章将重点展现小镇联系环境，改善经济与公平目标的方法，以及展现小镇的领袖是如何使用系统的方法联系 3E 的。

小镇常常处于大城市的阴影下。波特兰，美国俄勒冈州 200 万人的主要大都市区；或者弗莱堡，德国西南部 22 万人口的中等城市，都因它们的环境改善和可持续成就广受赞誉。像波特兰、弗莱堡这样的城市已经在可持续发展的聚光灯下站了很久，但是全世界的小镇都被忽视了，尽管它们也有针对环境可持续的创新和令人激动的方法。例如，早在 1980 年代的欧洲，

瑞典的小镇就采取了可持续发展的系统方法，它们开始了现在叫做"生态市"的国家和国际行动。大西洋对面的美国，2008 年春天，1000 多个社区和很多小镇开始编制减少碳排放的行动计划，尽管美国国家层面的政策并不支持国际气候保护的协议，如京都协议。很多草根的行动在不断涌现，它们的努力在大到生物团区域供热系统、小到生态友好型的幼儿园等方面都有体现。

不管大都市区还是小镇，针对可持续规划方面的通病是从一个项目到另一个项目，或者只关注某一个问题，从而在更广阔的背景下孤立了自己。如果一个社区需要通过一个样板项目来展现可持续发展的目标时，这些方法可能有用。但是当社区需要系统的变化时，就需要更加整体的方法。因为在每个项目的周期内，它们也可能与其他可持续目标冲突或者竞争。[45] 这种单一的方法会把环境的考虑从地方经济的必要改变或收益，以及社区的社会福祉中割裂出来。

为了带来真正的改变，环境可持续努力必须整合到小镇的社会和经济背景中去。这不难做到，因为一种努力可以有多种可持续的好处。例如，清理和保护地方水道有益于自然水质、人类健康、暴雨雨水管理、生物多样性、休闲和审美。用这个方法来整合环境和其他目标可以获得更多的选民支持。"自然步伐"（the Natural Step）就是这样的可持续运动。它于 1988 年由瑞典的临床医生和癌症研究者卡尔·亨里克·罗伯特（Karl-Henrik Robèrt）成立，针对社区可持续的发展问题采用系统方法。

它的四个引导目标（2000 年被美

国规划协会采用）是：

（1）减少对化石燃料、稀有金属和矿物的过分依赖。

（2）减少对化学品和合成物质的过分依赖。

（3）减少对自然的侵占。

（4）公平、有效率地满足人类需求。[46]

## 3.1 可持续冲突

### 3.1.1 3E 之间的冲突

将 3E 的框架应用到实际的环境规划问题时，经济、环境和社会可持续的目标之间的冲突就会暴露。城市规划学者斯科特·坎贝尔（Scott Campbell）在叙述保护美国西北森林中的斑点猫头鹰和保证伐木工人就业机会的矛盾时，阐述了环境保护和经济发展之间的冲突。[47]该地区最近的例子是三文鱼保护和水电站大坝建设之间的冲突。小镇经常处于这些冲突的漩涡中。例如，加利福尼亚的非自治镇——特拉奇（Truckee，人口 13864）面临着相似的冲突。该镇的市政设施委员会要对资助火电厂（临近犹他州）的 50 年合同进行投票。[48]赞成者指出廉价的电力可以给经济带来好处；而反对者则提到全球变暖以及该地区（经济上严重依赖冬季旅游）近年降雪已经减少。加利福尼亚州州长阿诺德·施瓦辛格希望通过他的努力到 2020 年使加利福尼亚州成为美国最绿色的州。州的法律禁止与有污染的发电厂签订合同，于是争议的天平偏向了反对者，敦促委员会投票反对这个合同。委员会最后的投票结果是 4 : 1，否决了这个合同。今天特拉奇主要的电力来源是生物团（木屑）加热系统。

图 45　冰岛杰古沙龙冰湖（Jökulsárlón）

这个冰川泄湖是冰岛最大和最有名的。这个泄湖由瓦特纳（Vatnajökull）冰盖冰川尽头的融水形成。瞩目的蓝色和白色的冰山是很多电影的取景，例如 007 电影《择日而亡》《雷霆杀机》。在冰岛，气候变化和全球变暖导致了海平面的上升以及冰川消融。2007 年，在湖上漂浮的冰山量创造了记录。

另一个例子，可持续目标和已有法规的矛盾体现在简单却必不可少的干洗衣物和使用晾衣绳上。美国大多数业主委员会禁止或者限制在室外架设晾衣绳，根据很多业主委员会的规定，晾衣绳必须隐蔽起来，以免降低邻居的物业价值，因此经济利益胜过了自然干燥衣物的环境利益。在包括佛蒙特州和康涅狄格州在内的几个州，一些小镇（晾衣绳是习以为常的东西）已经颁布法律允许衣物自然干燥。[49] 这些例子展现了冲突是如何从不同的规划目的中产生。在小镇中，这些冲突往往更加尖锐，因为这些冲突更加显眼，党派的得失更容易让人所知。但是，小镇也得益于它们的"小"，它们能够发现潜在的问题，并启动利益相关方的对话。小镇通常官僚系统比较小，这可以使涉及经济、社会、环境的跨部门合作更加容易。小镇的优势还体现在它们能够通过社会网络和公民能力发展可持续的地方文化。

图 46　意大利普罗奇达（Procida）

人口 10000 多人、面积 4 平方公里的普罗奇达岛是地中海上的明珠。这是地中海上最小的岛，不如相邻的卡普里岛（Capri）、伊斯基亚岛（Ischia）出名。像渔民聚居区卡利西亚（Corricella）这样的社区以拥有拱顶和门廊的传统建筑风格闻名。阳台是用来晾晒衣物的。

图 47　本地行动

意大利托斯卡纳区兰波雷基奥（Lamporecchio）的无核区路标。

### 3.1.2 小镇的例外性

当国家政策造成了不少可持续冲突的时候，小镇则显示了很强的例外性和创造性的应对。尽管美国没有禁止核电，但是一些小镇已经宣布它们是无核区。例如，康涅狄格州的东温莎镇（人口9818）制定了无核区条例，已作为对1990年代在此设立核废料场的应对。正如第2章提到的，乌伯林根镇（2004年取得"慢城"资格）宣布该镇禁止转基因生物，超过70个农夫同意在他们200公顷的土地上不使用转基因种子，德国主要的环境非赢利组织邦德（BUND）正在呼吁自治市签署"市属土地无转基因生物"倡议，现在超过20个地区已经决定拒绝转基因生物进入它们的土地。类似的转基因禁令在意大利、瑞士和奥地利的很多小镇都在发生。美国的伯林顿镇（Burlington，人口38889人）是佛蒙特州83个反对基因工程的小镇的一员，缅因州的布鲁克林镇（人口841）宣布自己为"无转基因地区"，尽管转基因食物和其他生物已在其他地区广泛使用，而且联邦政策也是允许的。这个类型的小镇例外性是草根环境运动蓬勃发展的证明。这些草根环境运动正关注有关生物多样性和自然环境的许多挑战。

## 3.2 小镇的环境问题

尽管通过很多案例，小镇已经证明了自己是环境可持续的领导者，但是它们正在经历环境恶化的诸多问题。小镇的环境挑战比大城市要严峻，因为像小镇这样的小社区通常更加依赖其最直接的自然资源以及文化环境景观。耕种和农业以及作为休闲资源的自然条件对于小镇的经济基础而言非常重要。结果，环境恶化会对小镇居民的健康和经济产生直接的冲击，如噪声、水和空气污染、浪费的土地利用方式及城市无序蔓延、开放空间的丧失、洪水和暴风雨等自然灾害等，这些还只是环境威胁的一部分例子。气候变化和全球变暖的一个结果是，阿拉斯加州的纽托村（Newtok，人口321）因赖以生存的永久冻土融化而不得不搬迁。[50] 除了环境威胁，阿拉斯加的土著人为了坚持他们的传统生活方式和渔猎文化而苦苦挣扎。专家们预计如果全球气温因大气中的二氧化碳浓度上升而升高，那么很多地势较低的滨海地区（包括滨海的大城市和小城镇）都会面临纽托村的命运。跨政府气候变化委员会（IPCC，1988年由世界气象组织和联合国环境计划联合成立）预测21世纪末海平面会上升0.18～0.59米。[51] 这将带来巨大的环境影响，例如洪水破坏、盐水侵入、沙滩和海岸湿地的侵蚀，还有直接与人类相关的——气候难民的新现象。

小镇还常常遭受空气和噪声污染的蹂躏，因为它们往往过于依赖某种工业。一个例子是，因旅游业而成为快节奏世界一部分的小镇面临着大量交通和公共服务的极大需求，第2章中描述的意大利奥维托镇已经遭受了来自旅游业的负面环境影响，决定重构交通系统和将交通从镇中心引开。依赖资源性工业或者食品加工业（大型的猪和禽类养殖场）的小镇会遭受较高程度的空气和水污染，美国中西部的很多镇就依赖这些产业，除了环境恶化，食品加工业工人往往处于不健康和不安全的工作环境，爱里克（Eric

Sholosser）在他 2001 年出版的《快餐国》中对此有生动的描述。[52]

在工业化国家和发展中国家中，快速城市扩张通常是对小镇的威胁。在发展中国家，涌入城市的移民使小镇快速成长为大城市。它们需要应对快速增长带来的负面溢出效应。例如，肯尼亚的城市增长创造了不少环境风险，如沿河环境敏感区的破坏、非正式增长和零散居民区导致的地下水污染。为此，肯尼亚小镇参加了名为"绿色小镇项目"的环境训练项目。这个项目是独特的跨国合作的产物，包括地方政府、地方政府部、土地和住区部、蒙巴萨的政府培训院还有荷兰的瓦赫宁恩（Wageningen）农业大学。基于社区的工作坊和行动团体确认并解决环境问题，这展现了一个创新的方法，事实证明为可持续发展动员当地志愿力量和市民参与是成功的。[53]

在工业化国家，小镇的快速增长造成了开放空间的丧失。有价值的农地常常变成了盈利性的住宅开发、高尔夫球场和休闲设施。这些开发在美国尤其成问题，因为美国大多数农村地区和小镇缺乏合适的区域权威来控制蔓延，这导致了"蛙跳"式的开发[54]（新的开发不在城市的服务范围内），开发商为了避免城市的法规和限制，跳过了城市里的空地而在城市边界外进行开发。欧洲国家有严格的土地利用规则，以限制城市的增长，但是美国还没有使用合适的措施（如增长边界或其他类型的土地利用要求）。此外，强制性的建筑退缩、街道宽度、商业与居住功能分离的要求等区划规则通常违背了更加紧凑和可持续的方法。

图 48　水污染

近年来，城市蔓延也与负面的公共卫生后果（如肥胖）有关。研究表明，建成环境和体育活动的程度有着明确的联系。因为大部分类似的研究集中在大城市及其郊区的环境，对于小镇是否适用还不明确。但是 2006 年密苏里州圣路易斯大学的研究表明，密苏里、田纳西和阿肯色州小镇的环境特征影响了公共健康，研究特别指出，临近的休闲设施（步行路径和健身中心）的缺乏、人行道的缺乏以及安全问题等原因导致了人们不爱运动，不少人因肥胖而变得不健康。[55]

**图 49　英格兰艾尔舍姆**
对于没有现代外环系统的小镇，过境的大卡车是常见的问题。

**图 50　瑞士贝林佐纳**
**（Bellinzona）**
机动车入口的电子控制系统。

## 3.3 大背景：全球和地方行动

为了应对环境恶化和气候变化的迫切问题，大量国际协议和地方行动出现了。1992 年，联合国环境和发展大会（也叫做"地球峰会"）在里约热内卢举行，179 个政府投票通过了一个可持续蓝图。大会认为地方实施是至关重要的，"地方 21 世纪议程"因此形成，地方政府保证通过咨询式的、草根过程来讨论可持续发展并采取行动。里约的讨论尤其受到一些瑞典生态小镇案例的影响，这些瑞典小镇 1980 年代就开始应对可持续问题了，这些案例促成了"地方 21 世纪议程"，引起了大家对地方实施的重视。[56] 在很多国家，"地方 21 世纪议程"被视为是建立地方问责制、让市民参与关于可持续和生活质量的讨论的一种方式。然而，就实施情况来说，各国之间差别很大，例如，德国的观察员指出地方和联邦之间缺乏协调。[57] 但是"地方 21 世纪议程"已经成为其他小镇可持续发展计划（如"慢城活动"）的重要先驱。例如，德国瓦尔德基尔希镇（Waldkirch），早在它成为"慢城"组织成员之前就开始了关于"地方 21 世纪议程"可持续发展的讨论。也有一些地方代表批评"地方 21 世纪议程"过于理论化，而表扬"慢城"的实用主义和行动导向，但事实上，瓦尔德基尔希的"慢城"实践实质上是将"地方 21 世纪议程"的想法转化为切实有效的行动计划。

"地方 21 世纪议程"是关于可持续的志愿行动计划。1997 年，179 个国家签订了京都协定书，承诺减少温室气体排放。之后，国际社会变得更加有力且行动积极。有些国家没有签订这个协议，最著名的是美国，这个世界上最大的温室气体排放国。2006 年，中国超过美国成为最大的温室气体排放国，这需要人们重视新兴工业化国家环境可持续问题。与联邦的不作为相反，美国的地方行动声势浩大。2005 年，美国市长大会通过了《美国

图 51　法国阿维尼奥内洛拉盖（Avignonet–Lauragais）

风力发电。欧盟委员会 2007 年出台了一个全面计划，旨在多元化欧洲的能源构成、减少碳排放 20%，出台燃料竞争的实施细则。

市长气候保护协定》，到 2007 年超过 355 个市长代表 49 个州 5400 万人签署了这个协定。[58]"酷市长"网站 [59] 是地方领导分享信息的工具，现在列出了签署这个协定的超过 1000 个大小城镇的名单。尽管签署协定的大部分城市位于大都市地区，但是一些小镇也展现了非凡的草根行动。例如，加利福尼亚州的阿塔斯科德罗镇（Atascadero，人口 28361）是"精明增长"可持续土地利用方式的重要倡导者，1998 年它通过了一个本土树木规定以保护该镇的橡树。科罗拉多州的弗里斯科镇（Frisco，人口 33714）2007 年也签署了《气候保护协定》，而早在这之前，这个镇已经通过了一项环境管理政策，在市政运行中考虑能源效率。2007 年，弗里斯科镇将所有市政运行所需能源 100% 转移到风能或其他可再生能源，同时为市政使用的车辆购买碳信用值。《美国市长气候保护协定》催生了美国

有力的草根网络。但是，也有批评家认为，如果没有联邦和州的支持，很多地方行动的预期是不可能实现的。[60]

## 3.4 瑞典的生态社区运动

瑞典的生态城市网络是最引人注意的小镇环境运动之一。这个运动包括 77 个不同大小的城市，超过全国城镇数量的四分之一。每一个瑞典生态社区都试图实现可持续的未来，并互相合作。它们遵守《自然步伐框架》，而且认为可持续是涉及环境、经济和社会目标的系统问题。这些镇通常形成若干个当地居民可以交换意见的研究小组，用以形成对可持续未来含义的共识。1980 年代靠近北极圈的小镇奥弗托尔内奥（Övertorneå）开始展望不使用化石燃料的未来，于是生态城市的想法出现了。奥弗托尔内奥成了瑞典甚至全世界第一个生态城市。当

图 52　德国阿尔高（Allgäu）
谷仓上的太阳能板可以产生可再生能源。

地居民和领导者为应对经济和社会衰落的危机而行动起来。[61] 高失业率、人口外迁、缺乏社会参与给当地领导者敲响了警钟，他们发起了草根程序来讨论镇的未来，现在该镇的市政运营已经达到了 100% 不依赖化石燃料的目标，大部分市政公共建筑使用高效的生物团供暖系统，该镇的车队使用生物能源，能源消耗持续地下降，该镇因此可以将有限的财政资源投资到其他方面。该镇建成了一个生态村，吸引了新的居民，镇学校重建时，不使用塑料制品或者塑料家具，而使用生态的建筑材料。政策制定者、商人和居民都积极投入到持续的培训和教育中。

1995 年，瑞典的生态城市创立了名为"瑞典生态自治区"（SEKom）的联合组织。这个组织提出了一个环境指标体系，用以监督各镇迈向可持续的进程。SEKom 生态城市指标有：

（1）化石燃料的二氧化碳排放（吨/居民）；

（2）家庭有害垃圾的数量（公斤/居民）；

（3）有机作物面积占可耕种土地的比例；

（4）环境许可认证森林（森林管理委员会或者泛欧森林委员会的认证）的比例；

（5）受保护环境（自然保护区）的比例；

（6）可回收家庭垃圾的收集（制造商的责任；公斤/居民）；

（7）家庭垃圾总量（除去制造商的责任以外；公斤/居民）；

（8）下水道淤泥中的重金属（毫克/公斤淤泥）；

（9）市镇管辖范围内可再生和可循环能源使用的比例；

（10）小汽车商务旅程的交通能源（吨/雇员）和小汽车商务旅程的二氧化碳排放（吨/雇员）；

（11）市政组织中有机产品的购买（总开销中占的比例）；

（12）环境许可认证学校和日托中心的比例【认证系统有绿色学校、可持续发展学校、ISO14001、生态管理和审计计划（EMAS）】。[62]

美国、爱尔兰、日本、新西兰和一些非洲国家等正在复制瑞典的生态城市模式。2005 年美国成立了"北美生态城市网络"，涵盖了推行生态城市模式的北美城镇的代表，特别是威斯康星、宾夕法尼亚、新罕布什尔、明尼苏达州的一些小镇正在努力向可持续的未来发展。威斯康星州希夸默根湾（Chequamegon Bay）区的阿什兰（Ashland）、瓦什巴镇（Washburn）已经通过了打造生态城市的计划，成立了研究小组，颁布了正式的可持续规划，该地区已经拥有了长远的可持续计划——可持续希夸默根倡议战略规划（2006 ~ 2011 年）。在爱尔兰，科克市（Cork）以南 50 公里的克隆纳可迪镇（Clonakilty）形成了草根组织，并效法瑞典的生态城市形成了可持续议程。

### 瑞典罗伯茨佛镇

罗伯茨佛（Robertsfors）是瑞典的第五代生态城市。它的梦想是创造可持续发展的范例。罗伯茨佛位于乌密阿（Umeå，瑞典北部瓦斯特博腾郡的首府）以北 60 公里。该镇较小，7050 个居民居住得较为分散。2000 人住在镇中心，其余的居民散布在周围的 9 个村和 20 个小村庄。[63] 这个地区以铁器工业和深厚的农业基础著称。

直到 1990 年代后期，环境可持续仍然仅是个别项目追求的目标。但在 1999 年，关于成为可持续实践模范社区的可能性的讨论开始了。该镇加入了"瑞典生态自治区"，于 2001 年开始建立全面的草根规划过程。《可持续罗伯茨佛》是五年的计划，目标在于建立如何启动经济、环境和社会变化的模型过程。该镇想处于"可持续发展的最前沿，并成为所有进行可持续发展尝试城市的生动模型和标准"。[64] 它的可持续规划是有生命力的文件，可以识别需求，并基于社区需求来调整改变行动方针。

在环境可持续方面，该镇雄心勃勃。到 2050 年，罗伯茨佛要实现：

（1）食物和其他日常用品高度自给；

（2）交通需求最小化；

（3）形成土壤到餐桌、城市到乡村的封闭循环和无害供应；

（4）能源的使用上采用 100% 的可再生原料；

（5）成为全球彻底可持续社区的示范；

（6）在私人商业领域和公共领域与世界著名专家就可持续发展进行深入的知识交流。

为了达到这样的目标，该镇正在努

图 53　罗伯茨佛镇中心

图 54　罗伯茨佛镇

位于瑞典东北部的人口稀疏地区。镇本身有 2000 居民，周围更小的村庄还有 5000 居民。最重要的产业部门是林业、种植业和旅游。

力逐步淘汰化石燃料。这也与瑞典政府到 2020 年停止使用石油的目标相吻合。它的努力包括镇的车队使用酒精燃料，学校取得了环境认证，使用生物团取暖。它还创立了无毒、有机的农贸市场，努力无毒化它的垃圾和污水处理。

可持续在罗伯茨佛并不是一时兴起。该镇每年都会修编《可持续行动规划》。它的目标是将规划和预算过程联系起来，最终实现资助的项目能与可持续目标联系起来。该镇还聘用了专职的可持续协调官，以确认各个公共机构和部门采用了可持续的设想和目标。

尽管罗伯茨佛是偏远的小镇，但是在全球可持续发展方面有很高的知名度。该镇还与一个肯尼亚小镇结成合作伙伴，提供可持续发展训练并协助培养可持续的领导者。这个肯尼亚小镇是马恰科斯（Machakos），位于肯尼亚首都内罗毕东南 65 公里，发展很快，已经实践了生态城市的设想。同时，瑞典和肯尼亚领导者的互访加深了它们之间的互相理解。

罗伯茨佛的确在环境可持续方面取得了很大进步，但也有些问题。规划师们逐渐认识到强有力的经济对于计划的持续成功是很重要的。此外，公平性、边缘群体、持续的人口外迁（特别是 18 ~ 24 岁、从乡村地区前往城市中心的人口）可能会显著地影响小镇的整体成功。

图 55 　罗伯茨佛镇

为了发展和实施《可持续罗伯茨佛》，该镇采用了参与式的过程，组织了大量社区会议和活动。各个年龄层次居民的信息和教育是重要的成功因素。学校正在实施可持续的设想。孩子们是更大项目的重要组成部分。

图 56 　瑞典罗伯茨佛镇

该镇正在建设以木材为燃料的地区供暖系统。为了实施这个项目，市政厅与其他自治市和市政公司合作。

图 57 　罗伯茨佛镇

奥佛克林登村（Överklinten）的居民同意翻新一个废弃的磨坊。这座建筑是传统的红色，以白色饰边，现在是一个酒店和垂钓中心。该建筑设有一个桑拿房、一个餐厅、18 个客房，有高速互联网接入。

## 3.5 土地利用和城市发展

对环境敏感的土地利用规划和城市发展方法是小镇可持续实践成功的关键。发展中小镇必须集中精力遏制无序蔓延和在绿地上的开发。但对于面临经济衰落威胁的小镇而言，它们迫切需要"填补式"开发工具来鼓励开发和适应性的再利用，以及保持小镇活力。德国的三个小镇在可持续土地利用的准则和法规方面已经开发出创新的做法。

乌伯林根镇（人口 21000 人）是德国第四个获得认证的"慢城"，参加了 ECOLUP 计划（生态土地利用规划），在土地利用规划过程中采用欧洲生态管理和审计办法（EMAS II）。[65] 乌伯林根镇与康斯坦茨湖地区的其他三个镇开展了合作。这个合作项目很特别，它的目的是创造国际合作来共同面对人口密度高并且生态敏感地区的问题。

康斯坦茨湖对于这个地区而言是最重要的淡水资源，很多城镇都临水而建。这个地区高质量的生活带来了人口增长，也吸引了游客。

除了乌伯林根镇外，德国的康斯坦茨市（Constance）和奥地利的多恩比恩镇（Dornbirn）、沃尔夫镇（Wolfurt）也是 ECOLUP 计划（康斯坦茨湖基金会支持的示范项目）的成员。2004 年，乌伯林根镇的土地利用规划系统第一个在欧盟取得 EMAS 认证。乌伯林根镇的项目组认真审视了现状土地利用和环境规划系统的优势和劣势。在有关土地利用的社区工作坊（workshop）中，居民就实施规划系统的方法展开了讨论。该镇还组织召开了国际工作坊以交流先进的社区之间的经验。通过 ECOLUP 计划，乌伯林根镇可持续的土地利用得到了保证，"填补"式开发得到了鼓励，森林和开放空间得到了保护。该镇还积极鼓励绿色屋顶、

**图 58  德国乌伯林根镇**

作为一个水疗和度假镇，乌伯林根得益于毗邻康斯坦茨湖的区位。沿湖的步道是对公众开放的，旅客和本地居民都可使用。该镇经历了稳定的人口增长，规划师非常关注城市增长及其对环湖生态敏感地区的影响。乌伯林根的规划方法整合了环境可持续和对滨河敏感地区保护的关注。

开放式停车场和广场等。其他重要的方面还有能源效率规划、流域保护、交通静化。土地利用规划系统的生态听证和市民参与的乌伯林根镇模式脱颖而出。

慕尼黑旁边的巴伐利亚小镇也有土地利用发展的创新方法。弗罗因贝格镇（Fraunberg，人口3400人）把工业用地从土地利用规划中去除。[66]考虑到镇中心以及周边邻里商业和居住的需要，它采用了新的规划和概念。它将以上地区定义为"有价值的文化景观"，试图通过这些地区体现小镇特征。因为，受到人口增长和周边新慕尼黑机场发展的威胁，该镇想保留它的传统特色。同时，它也面临着家庭拥有农场急剧减少的问题。从1994年到2002年，超过20%的农场消失了，而且240个农场中现在只有1/4还在从事农业生产。当地居民形成了一个非营利团体，叫做"弗罗因贝格社区发展"，以协助形成新的土地利用概念。它们的理念是为农庄建筑找到新的功能。传统上，农庄建筑是居住空间和农业的结合。曾经空置的农庄建筑现在可以容纳新的公司。在镇中心的一些建筑拆除了可以为新的建设腾出空间。公共广场得到了美化。这些努力都能维持小镇的活力和特色。

拥有深厚农业基础和传统的小镇往往面临着不确定的未来，因为它们传统的建成环境与新的经济系统并不匹配。面对持续的环境敏感，它们必须找到确保社会和经济活力的办法。在瓦尔德基尔希镇（也是"慢城"成员），传统的黑森林农场已经允许向游客出租房间；作为交换，农场可以获得与地方排污系统的连接。这一方面鼓励

图59　德国乌伯林根镇
木屋在德国越来越流行。

图60　德国维尔斯贝尔格
维尔斯贝尔格积极推动可替代能源，在市政厅的屋顶上安装了光伏系统。沃斯伯格的一个区——维兹巴赫（Weiβenbach），被誉为"太阳能村"。

了更好的环境管理，另一方面也给了农夫和他们的下一代提供额外创收的机会。

德国西南的菲尔恩海姆镇（Viernheim，人口 33000 人）双管齐下发展新的社区。一方面，当地的土地利用规划整合了很多生态建筑的特征；另一方面，通过大量的公共关系工作和居民教育确保项目能得到公众的认可。[67] 因为靠近两条主要的高速公路，也临近曼海姆（Mannheim）和达姆施塔特（Darmstadt），该镇经历了快速的人口增长，因而在 1990 年代出现了强劲的住房需求。在规划新区的土地利用时，规划师需要考虑用生态友好的方式进行建设，并尽量减少对稀缺资源的使用。当地的建筑规划考虑了地形的自然特征，规定了建筑的选址范围（为了不破坏有价值的生态区域）。除此，建筑的数量和它们的生态足迹都是有限制的。绿色屋顶、植物的运用以改善微气候，以及一些创新的技术方法被用于管理雨洪。区域供暖系统和被动/主动式太阳能建筑设计鼓励提高能源的使用效率。除了正式的规定外，规划师和政策制定者还形成了特别的公关策略。他们出版了生态手册，在当地成人教育中心开展研讨会。他们将成功归功于环境敏感的土地利用规划规定与公共教育的联合。

**图 61　德国菲尔恩海姆**
规划形成的 5.5 公顷的阿姆施密特伯格社区，建于 1950 年代，实现了生态目标。为了限制土地使用，该镇设定了每栋建筑可以占用的最大土地面积。建筑要求安装绿色屋顶，雨水需要收集，使用了小型区域供热系统。

## 3.6 小镇的积极应对

小镇创造卫生和可持续发展环境的工作热情是令人钦佩的。拥有开明人士的大学镇往往更乐意进行实验改变传统的规划实践。有管理土地和自然资源传统的小镇往往也是以上规划实践的先锋。但是，越来越多保护环境的进步方法并不是出现在上述地方。通常，诸如人口减少（如瑞典的奥弗托尔内奥）、毁灭性的自然灾害危机会促使社区应对全球变暖和环境灾难等威胁。类似的地方行动出现在许多不同类型的地方。第 2 章提到，阿布扎比正在建设马斯达新城（图 62）。这个由福斯特公司设计的小镇，可以容纳 50000 人，使用太阳能等可再生能源，将是沙漠中的可持续典范。美国堪萨斯的格林伯格镇（Greensburg，人口 1574 人）在其彻底被龙卷风毁灭后，决定变"绿"。新罕布什尔州基恩镇（Keene，人口 22563）的规划师正在使用社会压力来说服居民改变行为，而变得更加可持续；[68] 朋友、邻居和同事互相督促、鼓励更加可持续的生活方式。厄瓜多尔的卡拉克斯港（Bahía de Caráquez，人口 30000 人）在经历了暴雨和泥石流的负面影响后，在 1999 年成为"生态城市"。它的项目包括防止水土流失的本地树木种植、城市"野生廊道"的设立和生态教育。[69]

本章展示了小镇整合可持续实践到保护环境的诸多案例。其展现的活力是草根运动力量在发起社会变革中作用的有力证明。

图 62　阿联酋阿布扎比的马斯达城

马斯达城是阿布扎比沙漠中规划的可持续小镇。总体规划由福斯特公司设计，可容纳 50000 人。该城是彻底的零碳，使用太阳能，收窄街道宽度以减少能量使用。禁止使用汽车，而使用个人快速公交系统（PRT）。

图 63　德国赫尔斯布鲁克

# 4

## 继承认同：建成形态和场所感

对于小镇而言，宜居性是可持续性的重要表现。正如我们在第1章看到的，宜居性在本质上是地方的。宜居性取决于场所的易用性以及它给人的感受。建成环境的实体属性，包括形态、形式、布局、设施、建筑等，都是宜居性的重要方面。但是，宜居性的社会 - 文化维度同样重要，因为其涉及认同和场所感。人们的物质性福祉、机遇和生活方式选择等或好或坏都会受到具体的场所特征的影响，场所为人们的日常生活和社会关系提供了环境。尽管卫星电视和互联网可能吸引了越来越多人的注意，但是人们仍然可以从那些特定的场所中了解他们自己是谁？他们应该如何思考和行为？他们的生活应该是什么样的？场所还可影响人们的集体记忆，成为强大的情感和文化符号。[70]

### 4.1 建成形态的传奇

对于大多数小镇而言，宜居性的物质和社会 - 文化维度特征都是继承下来

的，是历史和地域文化景观长年雕琢的结果。小镇的独特"韵味"是它的尺度、地理位置、气候、地形、街道布局、建筑材料和建筑风格等要素综合的产物，小镇的特征同时也是地方工农业类型和历史辉煌时期建成形态的产物。基于以上基础，当代的居民才得以形成集体认同和场所感。

### 4.1.1 欧洲小镇

很多欧洲小镇源于中世纪甚至更早，可能是教会或者大学中心、防御性要塞或者是封建系统的区域管理中心。11世纪以来，人口稳定增长，但是技术的发展和可耕种的土地却有限，因此，面对不断的人口、经济、政治危机，封建系统开始缓慢地瓦解。封建贵族为了保证他们的收入以及战争的需要，开始不断提高征税力度，因而，人们必须到市场上卖出更多的农产品以换取现金。结果，更多金钱流动的经济形成了，同时基本的农产品和手工业的交易模式也开始了。区域的专业化和由此出现的贸易模式为基于商业资本主义的城市化新阶段奠定了基础，基于威尼斯、比萨、热那亚、佛罗伦萨和汉萨同盟（Hanseatic League，北海和波罗地海沿岸的城市国家联盟）的商人建立的框架，巨大复杂的贸易系统很快席卷了欧洲，由此产生了高密度的市场镇网络（图67）。它们的布局和建成形态很大程度上源于初期阶段的成长和繁荣，而工业化和现代性通过填充和替代、向外扩张、内部重组等方式增加了新的城市肌理。在每一轮的城市增长中，建筑、地块和街道的最初形态会与替代老建筑的新建筑、合并和再细分的地块，以及变化的街道布局混合在一起。

市场镇有各种传奇，但是它们最初的辉煌往往还是有赖于通道、十字路口的战略地位、河流的桥梁处，或者是良好的选址（在山脊处且排水良好，或者靠近河流）。最初的主要建筑通常是城堡、宫殿、教堂、修道院，而主要的开放空间是市场（图68、图69）。在很多小镇，主路通常在镇中心会放大成为市场，而在尽端会收窄以便防卫。正如历史学家马克·基罗拉德（Mark Girourard）描述的那样，大多数镇"开始只有一个露天市场，但如果市场很繁荣，会变为好几个，在镇中心的年度盛会或者市场往往会移到镇的边缘，以避免大量动物穿越狭窄和拥挤的街道给人们带来不便，有屋顶的市场和市场大厅出现了。主要的市场有时候会变小，因为小铺子变成了商店和房子；有时候市场会变大，因为它们扩建了"。[71] 随着镇子的扩张，次级路和十字街出现了，接着产生复杂的路网和有机的规划。除了市场大厅外，还出现了行会大厅、养老院、医院、学校、公共谷仓和市政大厅。街道拓宽了，铺装了，有了排水系统；大门和围墙得到加固；给水排水系统都安装了；公共空间开放了。

在欧洲很多地方，贸易和居住的扩张促进了新城的兴起。便利性和实用性是它们的基础。为了方便安排地块，新城往往是方格网状布局的。有时为了适应地形和既有的城镇结构，方格网出现了斜交和断开。负责建立中世纪欧洲小镇的土地所有者最关心的是收益，因此，市场受到特别的关注，售卖不同类型产品的商贩会在不同的地方，由此有了跟售卖产品类别有关的街名和地名。之后的增长和发展让小镇变为"复写本"——街道和建筑

**图64 瑞士贝林佐纳**

欧洲很多小镇都有像教堂这样的公共建筑，也有防御工事的遗存。在贝林佐纳，遗存下来的防御工事始于15世纪的扩建，是由当时的统治家族斯福尔扎（Sforza）进行的。这些工事于1980、1990年代修复，于2000年被列入联合国教科文组织的世界遗产。

**图65 苏格兰圣安德鲁斯**

从中世纪到16世纪的苏格兰改革，圣安德鲁斯是苏格兰的宗教首都。历史上的大教堂现已成废墟，现在它是区域性的市场中心。

**图66 英格兰温彻斯特**

中世纪晚期该镇是繁荣的市场镇，见证了一系列公共建筑的兴建。这些养老院于1856年重建，原址是16世纪时的圣约翰医院救济院。

物在中世纪的街道格局模板上打上了新技术、新的经济社会组织模式、新设计和新时尚的印记。16世纪、17世纪带来了礼堂、剧院、游乐场、咖啡馆、永久性的商店还有新的住房，到了19世纪，小镇受到了它们工业专门化（或者缺乏专门化）的影响变得更具特色，而它们市场功能的重要性逐渐下降。新出现的海港镇、磨坊镇、酿酒镇、铁路镇、制造业镇、采矿镇，每个类型都有自己的功能和建筑特征，同时温泉和旅游镇也是工业时代繁荣的结果。

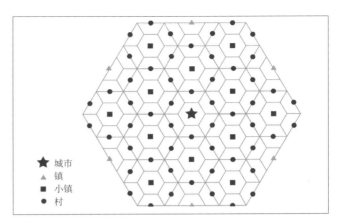

图67　中心地理论

在前工业时代的欧洲，很多区域形成了聚落的层级系统，少数大的中心地（城市）提供品种多样的高级别的产品和服务，服务于广阔的腹地；而腹地中也包含很多较小的中心地，如镇、村、自然村等，它们为较小的腹地提供品种不那么多样，级别不高的产品和服务。这个空间模式由著名的德国地理学家瓦尔特·克里斯泰勒（Walter Christaller）提出。

图68　英格兰索尔兹伯里（Salisbury）

英格兰南部的中心地。最早的租船市场现在仍然是逢周二、六开放，同时还有每个月的第一个和第三个周三的农贸市场，以及一年三次的法国产品市场（销售品种众多的法国商品和食物，如奶酪、熟食、法式糕点和面包）。

图69　英格兰索尔兹伯里

13世纪时新镇区的街道、建筑围合形成的开放空间，形成了市场。燕麦街、牛街、肉街和鱼街后来形成了固定的商店，取代了早期的临时摊档。肉店在肉街占据了更多永久性的建筑，而镇外的屠夫将他们的摊档开在了牛街上。

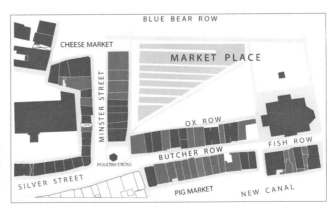

**图 70　意大利特莱维（Trevi）**

中世纪的欧洲分为很多封建小王国和领地，大部分是农村。城镇大多很小，主要是封建贵族的防御性要塞。山顶可以提供安全、战略性的环境，就如特莱维的例子。该镇位于塞拉诺山顶（Monte Serano），俯瞰克利图诺（Clitunno）水系的宽阔平原。

**图 71　匈牙利埃格尔（Eger）**

中世纪该镇的繁荣是因为它是宗教中心。16世纪土耳其人入侵匈牙利中部，它成了重要的边境要塞城镇。17世纪末，哈布斯堡家族重新控制了该地区后，主教们又回到了该镇，该镇开始又一段辉煌时期，巴洛克式的建筑就是这段时期的见证。

**图 72　丹麦斯卡恩（Skagen）**

斯卡恩镇位于日德兰半岛的最北端，曾经是偏远的、很难到达的渔村，直到1940年代通了公路。现在，由于逆城市化和旅游业，再加上欧盟的区域政策支持，该镇已经成了一个繁荣的社区。

图73 意大利阿西西（Assisi）

这个山区镇尊重地形，继承了狭窄但精致的街道和小巷。

图74 意大利特莱维

地形对机动车交通的限制发挥了正面作用，该镇拥有了贯穿全镇的安静的步行道系统。

图75 意大利奥维多

分叉的路面创造了隐密的氛围。平台向下汇入加宽的卵石街道，然后再汇入广场。这些广场大多由广场上的教堂命名。沿着狭窄、旋转的小径，两侧的房屋似乎靠在了一起甚至在头顶上碰在了一起。由于无法使用机动车交通，这个山区小镇却能提供非常宜居的环境。

## 英格兰勒德洛镇

勒德洛镇（人口10500人）是在1066年"诺曼征服"后才出现的，当年是守卫英格兰和威尔士边境的前哨。该镇经过了精心规划，围绕城堡布局、安排，可以提供防卫功能，可以稳定周边的乡村（用"反诺曼"的情绪抚慰人心），可以为勒德洛的贵族统治者提供收入来源（通过市场费、过路费、租金和法庭罚款）。因是经过规划的，该镇有面积较大的道路方格网。跟其他经过规划的城镇一样，勒德洛镇也有巨大的市场。随着镇的增长，城堡扩建了，到了1233年，城堡和镇周边防卫性的城墙也建起来了。

跟英格兰其他的中世纪小镇一样，勒德洛镇按"租地产权地块"布局。每个地块形状狭长，建筑在主街上，地块延伸至后巷（可作为服务道路）。租地产权地块由领主授予在镇里开展贸易的自由民（因此参加选举镇的管理委员成员），自由民支付现金租金给领主，而不是因占有土地而为领主提供封建服务。规划的小镇核心是"高街"市场，从城堡向东与早就存在的南北向牲畜交易古道相接。古道和市场的交界处形成了镇的牲畜交易市场，并被称为"牛圈"（Bull Ring）。市场里的商店开始只是几列摊位，很多靠近早已存在的围墙和建筑，被称为"布匹街"（Draper's Row），现在叫国王街。最初店主不在店里住，是封闭的单元。后来，商店挖了地下室作为储藏室，上面增加了房间可以住人。

勒德洛镇标志性的原木框架建筑始于17世纪。当时，人们花了不少心思将镇里的诸多中世纪住宅重新建造立面并进行装饰。原木的装饰非常精致，

**图76　勒德洛镇中心**

图底关系主要是规划形成的网格布局和南北向的主路（曾经是牲畜交易的主要通道）。

**图77　从西边看勒德洛**

**图78　勒德洛镇被誉为英格兰最有吸引力的小镇**

它中世纪的街道格局几乎没有受到破坏，还有宏伟的15世纪的教堂、原木框架的都铎时期的建筑、漂亮的乔治时期连排住宅，还有精致的维多利亚时期的村舍和别墅。

也很高。镇的大部分地区重建持续到17世纪末，但仍没改变该镇中世纪的格局。在各个街区，半原木的立面逐渐让位于新的砖墙立面，但是这种改变往往是表面的，因为老的原木立面只是被新的立面挡住而已。在18世纪中叶收费关卡流行的时期，区域性道路质量的提升强化了勒德洛镇作为市场镇的重要性。这个时期在布洛德街留下了浓重的印记：乔治时期的建筑立面都是按照当年安全又合理的立面样板而建。1852年，勒德洛镇通了铁路，但是在当年工业化的英国，该镇在城镇体系网络中没有什么比较优势。因此，它仍然保持着重要市场镇的功能，并慢慢地调整以适应新的技术和规划规定。实际上，最重要的发展是对建成环境的积极保护。1900年后，英国的古董热让公众了解了勒德洛镇的遗迹。1947年，英国议会立法批准了古迹保护的法定权力。1954年，勒德洛镇市民协会成立了。镇的核心区域于1970年被划为保护区，其中469栋建筑是保护建筑（1992年增加到502栋，保护区的范围也有所扩大）。1978年，镇修建了环镇公路，缓解了镇主路（连接什鲁斯伯里市和赫里福市）的交通堵塞问题，较大程度地恢复了镇区的宁静。2004年，勒德洛镇成为英国"慢城"运动的创始会员。

**图 79　黄油十字大厦**

建于1742年到1744年间，是该镇的市政厅，古典风格，有穹顶和钟楼。该建筑还是黄油市场，楼上有一所福利学校。

**图 80　勒德洛市场**

路易斯·雷纳（Louise Rayner）作于1865年。

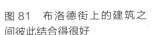

**图 81　布洛德街上的建筑之间彼此结合得很好**

顺应了街道的坡度，都有屋檐、过梁，水平面横跨建筑立面一直延伸到旁边的建筑。

### 4.1.2 北美小镇

北美小镇相对欧洲小镇来说历史要短不少，即使千万年前原住民已经奠定了城市聚落的基础。美洲印第安人是居住在美洲大陆的原住民，他们建造了数量不少的聚落，特别是在西南部。随着 15 世纪后欧洲拓荒者踏上美洲大陆，越来越多的小镇出现了，成为开采自然资源的前沿地区。新英格兰或者沿大西洋中部各州小镇大多为运往欧洲的烟草和棉花等物资的贸易中心。因当时重商主义的制度，很多小镇繁荣起来，特别是沿着水道和港口的那些。很多城镇对于它们的腹地发挥着小"中心地"的作用（图82）。就形态而言，北美小镇主要是方格网布局，中心为一条主街和一个中心十字路，但不像欧洲的小镇那样拥有市场。

1830 年代到 1850 年代，巨大的交通基础设施网络建设起来，铁路和运河在大陆的中部和西部开通。这为卡尔加里、芝加哥和堪萨斯城创造了繁荣的机会，这些城市因交通条件成为牲畜和其他农产品的贸易中心。[72] 而小城镇不论是在规模还是数量上都停止了增长，结果，北美并未发展起像欧洲大陆那样稠密、等级体系式的城镇体系。这也就不奇怪为何在美国，无论是学术研究还是理论都没有给予小镇太多重视。

近年来，大都市区的分散化和逆城市化导致了大城市周边的小城镇快速发展。[73] 但是偏远地区的小镇已经丧失了功能和人口。许多单一产业的城镇（因开采自然资源，如原木和煤，而发展起来的城镇）已经成为"鬼镇"。有些城镇看上去还能勉强维持工业或农业传统，但是就业基础已变为低收入的服务业。因为沃尔玛和其他折扣连锁店的到来，很多小镇的主街上本地拥有的小店衰落了。同时，一些拥有高质量生活和便利设施的小镇吸引了新的移民，例如年轻的户外运动爱好者和可以移动工作的高教育水平的专业人士。

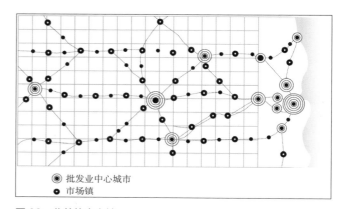

**图 82　北美的中心地**

通过大西洋沿岸的港口，北美的城市系统是欧洲城市系统的商业补充。随着这些贸易中心的成长，它们控制了越来越大范围的腹地。而这些腹地中较小的聚落成为了地方的市场镇。接着，这些市场镇成为腹地的门户，既是扩张的始点也为开荒农业从事者提供一系列服务。大宗物资进口的持续需求和殖民化的持续进程将聚落带入更深的大陆；这就需要长距离铁路，沿铁路一些位于战略要地的镇由此演变为大宗物资的集散地（根据 James Vance, Jr., *The Merchant's World: The Geography of Wholesaling.* Englewood Cliffs, N.J.: Prentice Hall, 1970, P.151）

**图 83　爱荷华州迪科拉镇（Decorah）**

北部平原地区的中心地和农业中心。

## 4.2  累积的遗产

对于欧洲和北美今天的很多小镇而言，日积月累的遗产形成了特色和结构。数个世纪岁月的积累既反映在想象中，也显现在人们眼中。城市发展（全球化带来的标准化、理性化和同质化）"复写本"的最近的印记看来是缺乏同情心的，19 世纪后期经济结构性变化的物质体现都是空荡荡的厂房（图 84）和空置的土地，零星的地块和衰败的建筑，特别是位于显眼地方的，对于小镇的环境而言会有严重的负面影响，大大降低人们对该镇未来的信心。同时，小汽车拥有量的上升以及就业机会和服务业对大城市的依赖，导致小镇与大城市之间的交通量显著提高，这通常会引起交通堵塞（图 86）。小镇中心（尤其是没有修建绕镇交通通道，仍保持传统的路网格局的）已经遭受了严重的交通问题，在很多镇，标准化的交通工程解决方案已被证明是与该小镇继承的形态和特色不相匹配的。同时，大卖场、超市、特许经营的快餐和服装店，以及千篇一律的建筑和商店立面的入侵也掩盖了曾经充满个性商店的高街。结果，小镇最重要的财富——它们独特的场所感受到了威胁。

图 84　意大利基亚文纳镇（Chiavenna）
废弃的纺织厂是经济结构变化的反映。

图 85　英格兰贝珀（Belper）
1960 年代的更新破坏了该镇（19 世纪的工厂镇）商业主街原有的肌理。

图 86　英格兰刘易斯（Lewes）
交通拥堵。

## 4.3 空间的社会建构

但是,场所感并非只是砖石和灰泥、或者建成环境的美感那么简单。它始终被社会所建构。当人们定义自己与周边物质世界的关系时,场所的社会建构的基本要素是存在的现实基础。当人们应对特定地方的机遇和限制时,场所始终处于人们的社会建构之下。当人们居住和工作在场所中,他们逐渐会对周围的环境施加影响,改变、调整环境以适应他们的需要、表达他们的价值。同时,他们也逐渐适应周边的物质环境,适应他们周围人的价值、态度和行为举止。人们不断调整和重塑场所,场所不断适应改变,并影响它的居民。

以上思想来源于马丁·海德格尔(Martin Heidegger)的哲学。他提出,拥有不同条件的男人和女人,通过他们的社会空间环境(还有其他方式)定义自己的性别角色[74]。人们对空间的"创造"给了他们"根源"——他们的家园、所在的地方成为这项"创造"的记录载体。海德格尔哲学的核心是"定居"(dwelling)这个概念——实现人和物质世界达到精神统一的基本能力。通过反复的经验和复杂的联想,我们定居的能力令我们构建场所,并赋予场所随着时间推移不断加深和清晰并且细微变化的意义。[75] 还有一个重要概念是"生活世界"(lifeworld),这是指日常生活的习以为常的模式和背景,人们本能地进行他们的日常生活。[76] 人们在熟悉环境下的日常生活的体验(图87~图90)导致反射性的集体意义的集合,邻居们熟悉彼此的语汇、说话方式、着装规范、肢体语言、幽默感,以及物质环境的共同体验,

图87　意大利卡斯泰洛市(Citta di Castello)

图88　意大利斯皮林贝戈

图89　意大利基亚文纳

如街道、市场、公园等，社区之间会变得亲近。通常，这会持续存在于人们对于自身和场所的态度和感觉中，从象征主义来看，他们依恋那个场所。当以上一切都发生了，结果是集体和自我意识的"情感结构"：情感的提示框架，是人们对于特定场所的体验和记忆而产生的结果。[77]

个人的"生活世界"和集体的"情感结构"的基础都是交互主观性（intersubjectivity）——来源于日常生活体验的共享意义。这个交互主观性基础的重要部分是个体和社会在时空实践的惯例化。正面的和有特色的场所感主要来源于日常邂逅和形成交互主观性的共享经历，这需要大量不经意的见面和闲聊的机会，需要餐饮、消磨时光的友好环境，需要街头市场，还需要历史文化的延续感。

## 4.3.1 场所作为文本和文脉

场所不只是城市空间形态。它既是文本，也是文脉。它是用砖石灰泥记录历史的复写本，也是当代社会互动的环境。这个环境构建了日常经济和社会生活，构建了人们的生活轨迹（通过提供机会和限制），提供了常识和体验的"舞台"，提供了社会化过程和社会再生产的场所，提供了各种社会规范角逐的场地。[78]

小镇的场所感还包括小镇与更广阔世界联系的意识。镇的具体和独特的属性不仅依赖于内部某个具体场所的历史，还依赖于镇与其他地方的关系。它来源于更广泛和更多地方社会关系的独特混合，因此场所感理解只能通过将本地与外地联系进行构建。[79]

地理学家罗伯特·萨克（Robert Sack）对"薄"场所和"厚"场所做了区分。"薄"场所是非常专业化的，与外界有千丝万缕的联系，因为场所中的人们有广泛的外界联系，也不会强加什么到别人的意识中。"厚"场所则充满了更加"内省"和对日常生活更加关心的人。萨克的观察表示，"越薄的场所越容易得到解放，而它的对立面存在于封闭和充满规定含义和规则的"厚"场所中，将会越来越无趣……但是更"薄"地方带来的自由也会令人不安、敬而远之和孤独"。[80]

**图 90　空间的社会构建**

我们生活在场所中并在场所中穿过。人们的地域感和"定居"感由社区距离、举止的规范、社区组织的形式等共识所确定。人们的日常活动与他们居住的空间和场所之间有重要的辩证关系。小镇传承下来的环境和亲密的空间为"慢"和记忆的"秘密纽带"（小说家米兰·昆德拉提出）的产生提供了很多机会。

图91 英格兰刘易斯

强烈的认同感和场所感是宜居性的重要组成部分。它可以通过很多方法强化,例如镇上的战争阵亡纪念碑。

## 4.3.2 文化景观

本质上,小镇与它所在区域的文化景观有非常私密的联系:小镇的很多地方都能看到周边的乡村;小镇本身也吸收了临近区域的地方建筑和建筑材料;景观也常常反映与镇相关的农业优势。同样地,文化景观通常是小镇认同和场所感知的重要组成部分。区域的经济、政治和文化深深印刻在农田、篱笆、农舍和村庄上。作为经济和社会历史的产物,景观不仅仅反映和体现世代传承的财富,而且也折射出个人的行为,甚至人们集体思想和行为的方式。同时,文化景观也是强大、神秘的背景,它可以归化和强化主流价值和实践,仿佛价值和实践只是习以为常和无法避免的。考虑到被赋予意义的各个层面,区域景观是极具象征性的,因为人们知道区域景观与特定人群有关。例如,经典的塔斯干景观因现代意大利的建立和政治统一的形成(1815~1861年)而成为意大利的象征,于是从此成为风景画家、浪漫诗人和小说作家创作的对象。与此类似,英格兰低地的非常有序、田园牧歌式的景观不仅是英国乡村的象征,而且是传统乡镇社会价值和文化规范的象征。

图92 意大利奥维托

传统社区的名字和徽章可以强化居民的场所感。

图93 意大利卡斯泰洛市

涂鸦常常可以展现某镇的认同感,例如2005年欧洲杯决赛利物浦队战胜米兰队后,佛罗伦萨球迷在墙上写下"感谢利物浦"。

图 94　文化景观

翁布利亚的景观包括精耕细作了几个世纪的土地。山上优雅的柏树傲立在银绿色的橄榄树中，围绕着星罗棋布的农场和别墅。

图 95　意大利翁布利亚

区域景观是小镇认同感和场所感的重要组成要素。从奥维托的任何一个角落都可以看到翁布利亚的景观，橄榄树丛、麦地和葡萄园（传统上的地中海三宝：橄榄油、面包和红酒）通过高大的柏树连接在一起，甚至柏树的树列还连上了远离道路的僻静农舍。

## 4.4　情感和交互主观性

与建成形态的传奇一道，每一个有历史深度的小镇都是继承了主观场所感的基础以及交互主观性意义的复合体。结果，小镇被情感持续贯穿：人们对周边环境有情感回应，人们互相之间有情感反应，对小镇经济、社会和文化活动节奏有情感反应。情感作为宜居性和可持续的要素常常被忽视，因为情感很难量化和分类。情感不仅来源于建筑和空间赋予的意义，而且来自生活的点点滴滴。游戏中孩子的欢呼（图96、图97）；农贸市场的好客；"清晨初升的太阳玩了个戏法，给街道镀上金色，并投下深不可测的阴影"；[81]月亮将"小镇变为歌剧布景，阴影深邃，让每处柱廊成为戏剧的一幕，每处拐角成为浪漫约会的地方"。[82]情感也会是负面的，例如镇中心载重卡车的轰鸣，少年团体的反社会行为，或者废弃工程萧条的气氛。

图96　意大利奥维托

小空间作为社区儿童临时的游戏场。情感也是活力的一种。

图97　英格兰迪斯（Diss）

公园和公共开放空间与休闲、宁静和嬉闹相关。

图98　瑞士贝林佐纳

露天餐饮和人行道咖啡店营造了欢乐的气氛。

### 4.4.1 节奏、序列和同步

节奏、序列和同步是镇的基本规律，居民可以由此设计和整理他们的体验，因此也与居民的生活质量有关。人们每天在类似环境中的经历形成了共同意义的集合——交互主观性。我们如何使自己或者他人的行动有意义都源于常规化的日常行为，这些行为有有意识的，也有无意识的。持续不断的个人和社会行动的复制（通过时空常规化）有助于特定地方的社会系统和社会结构的发展。[83]

尊重季节性和传统社会节奏强化了事件的反复发生和互相连锁的特征。这形成了公共领域的文化互动和公共社交。每日的节奏元素，包括在上午出门采购的路上喝杯咖啡、下班回家的路上吃些点心、晚饭后的散步，这些对于日常邂逅的频率和生产共同经历都很重要，都会强化交互主观性，使其成为社区中场所感知和感情结构的基础（图98、图99）。每周的节奏元素也是一样，例如街道市场和农贸市场；每季度的节奏，例如美食节、手工艺展示和艺术节，这些节奏轮流依赖特定类型的空间和场所。不只是街道、广场和公共开敞空间，而且还有"第三场所"——人行道上的咖啡馆、酒吧、邮局、药房、街角小店、家庭经营餐饮店，以上都是常规活动以及社会—文化互动发生的地点，日常邂逅和共同经历的本质和频率很大程度上依赖这些空间和场所的属性。为了产生正面的情感，城市形态需要足够的渗透性以产生休闲时的邂逅，以促进个人的以及非正式的社会活动，"第三场所"应该容纳有个性的人、一般人、新来者以及常客，像公共空间一样，应该促进产生休闲时的邂逅，并为持续的谈话创造环境。

小镇的生活由每日、每周和季节性的节奏组成，也受到运动模式和次序的影响。这些都受城市形态影响而强化。在工作日，有规律的"脉搏"和交通的持续轰鸣是小镇日常生活的节奏，城镇中人们的活动由节奏中的办公室、商场和学校等地点控制。有些镇的节奏是缓慢的细流，而有些镇则是快节奏的。例如，德国城镇的传统

图99 意大利阿比亚泰格拉索（Abbiategrasso）

在"第三场所"的半公共环境中的日常会面和偶遇帮助塑造小镇的节奏。傍晚是喝餐前酒和轻松谈话的时间。

**图 100　德国瓦尔德基尔希的市场**

每周两次的市场日。市场上到处都是桌子和货摊。从其他地区来的人们不仅来购物，而且来见朋友，或者安排商务会面。

**图 101 意大利克雷莫纳（Cremona）**

市场日时，小商贩会提前约 1 小时来卸货，从特制的卡车和货车上摊出东西，整个就像是批发商店或者超市。和很多临时市场类似，这里出售大量家居用品、五金器具、衣服、鞋子和园艺工具。

**图 102　英格兰艾尔舍姆**

在镇中心边上的大型售卖场，每周有个拍卖市场，出售古董、书、画、家具、农具、家居物品等，吸引了几公里以外的人来，给该镇以紧迫和期待的氛围。

聚餐（Stammtisch）是有规律但非正式的朋友聚会，他们偏爱"第三场所"中最喜爱的桌子和卡座。晚上，特别是夏季的晚上，传统生活方式和节奏给小镇居民带来了一些认同感——狭窄的街道、小广场上慢慢聚集了一些人，消磨一两个小时。在意大利，晚上的闲逛是看望亲朋，或者穿上漂亮的衣服会见潜在的男友或女友。一群群年轻人聚集、消失、再出现；男人们三三两两地聚在一起喝咖啡或者喝格拉巴（grappa）酒；情侣们沿着主街散步；还有人牵着狗闲逛。

周末是购物和休闲的时间。周六是很多镇的市场日。市场可能是小镇情感和互相主体性的"火炉"（图 100 ~ 图 102）。在集市开放期间，市场提供交际和休闲互动的环境；通过农产品摊档，建立与周围区域的直接联系。在集市不开放的时候，市场是一个节点性空间，也是人们心中小镇地图的关键参考点。在传统的市场镇，它们联系现在与过去。在其他镇，它们还迎合了人们对公共空间不断增长的渴求。在这里，公共空间是平等主义的，不受私人公司的封闭，也是快节奏世界中主题化和商品化空间的一剂解药。

这些年度、日常、季节性的节奏中还有季节性的集市和节日点缀。为了推动旅游和经济发展，很多小镇兴办了节日。由这些集市和节日推广的地方传统、地方手工艺品和地方农产品逐渐增多。结果，爵士、蓝调、摇滚、民谣、歌剧和戏剧等节日出现在各镇的季节性日历上。季节本身有自己的节奏，对于能够维持与区域农业联系的小镇，又多了季节性美味的选项（图 103 ~ 图 107）。以翁布里亚为

**图 103　意大利奥维托**

周六是市场日，这里是小镇居民每周会面的地方。从早上 7 点到 11 点半，市场达到高潮，从凡帝诺维玛佐（Ventinove Marzo）广场蔓延开去。小摊出售水果、蔬菜、鸡蛋、奶酪、蜂蜜、肉、衣服、手工艺品、鱼、花、本地酒、刚出炉的热乎乎的面包和点心。

图104 意大利奥维托
豆子是秋天才有的

例，美食日历的高潮是夏季黑松露的季节，夏季也是新鲜香草（例如马郁兰草、茴香）和新鲜蔬菜（例如芝麻菜、芦笋、茄子、莴苣、菊苣、辣椒、甜椒、豆子、紫洋蓟）的季节。秋天收获后，翁布里亚的市场和菜单上充满了火腿、意大利蒜味香肠和本地的特色香肠。猪肉是翁布里亚的特产，猪是通过传统方法用大量的橡子喂的。马匝费伽提（mazzafegati，用猪肝、橘皮、松子、葡萄干和糖制作的香肠）、林鸽、酸甜牛舌是当地的特色美味，秋天也能带来蘑菇、白松露、小扁豆和白豆、鲜榨橄榄油以及制作翁布里亚意大利干面条和手搓粗面等意粉的面粉。深秋是杏仁蛋糕和葡萄干坚果杏仁蛋糕的季节。通常人们吃这些蛋糕的时候还会喝当地的香甜家酿葡萄酒，本地出产的白葡萄酒是用崔比亚诺（Trebbiano）葡萄酿造的。本地区

冬季的特产是拖塔阿特斯托（torta al testo），一种手工制作的面包，里面塞有火腿或者香肠以及浸过橄榄油的香草，在木头烤炉上的特制大理石上烤制。圣诞节期间可以带来传统的皮诺卡特蛋糕（pinoccate，糖和松子制成）以及托茨格里欧尼蛋糕（torciglione，杏仁制成）。在复活节期间，就会有奶酪派、蛋糕、贝斯库塔（beccicuta，咸的或者甜的烤制面条）和茨阿拉米寇拉（ciaramicola，有鸡蛋糖霜的蛋糕）。

### 4.4.2　原真性

当代小镇不可避免地受到标准化、理性化、全球化的影响而不断地变化，这会让居民感觉时间越来越线性，而不是循环的或者季节性的。情感和场所感也受到近来快节奏世界强加的影响，到处可见的购物中心、超市、特许经营的快餐和服装连锁店，以及千篇一律的建筑和商店门面，这些破坏了小镇独特的场所感，引入了无差异的情感。马丁·海德格尔1920年代的作品预见到了理性主义、标准化、大规模生产、大规模价值会减弱人们思考和构建强烈场所感的能力。小镇失去了原真性，没有地方感了，这会造成日常生活离开场所的感觉——弗洛伊德称之为"怪诞"（unheimlich），当代的社会科学将这个过程称之为"时空分离"——远程（而非面对面）的互动逐渐成为人类生活的主要特征。因"时空分离"，曾经分离的社会系统现在互相联系、互相依存，甚至汇聚，时间和空间变得空泛，人们脱离了地方。[84] 不可避免的结果是，地方的原真性遭到了破坏，一个后果是后现代情感中"乡愁"占了统治地位，类似地，小镇传统生活节奏被快节奏替代。"我

们的生活在我们身后散开，就像是香烟的烟雾"[85]就是"乡愁"的原因。

但是，"原真性"本身也是个难懂的概念，特别是把它用在复杂多变的小镇上。经济学家弗吉尼亚·波斯特莱尔（Virginia Postrel）提出了原真性的三个阐述。第一，原真性是纯粹的。它是事物最初的、自然的、功能的形态。第二，原真性是传统的，根植在习惯中。第三，原真性做为先兆，见证了时间流逝造成的磨损和调整。[86]原真性还可理解为参照性的——与某段时期有关或者相对。这是后工业社会向"体验经济"转变的产物，基于对地方和事件记忆的商品化、展示和调整。[87]我们在第5章会看到，以上所有对于原真性的阐述与当代针对小镇可持续的城市设计尝试都是相关的。

图 105　意大利奥维托

秋天，洋蓟在农贸市场出售。

图 106　意大利奥维托

秋天，栗子在农贸市场出售。

图 107　意大利奥维托

秋天，南瓜、土豆和西红柿在农贸市场出售。

图 108　德国维尔斯贝尔格

# 5

## 通过设计实现可持续

城市设计是小镇可持续的关键要素，因为城市设计可以通过提升地方的美感和功能而提升地方的宜居性和场所感。国际提升城市宜居性组织（IMCL）为此提供了简明的案例。这个组织是由建筑、城市设计、规划、城市事务、健康和社会科学以及艺术方面的官员、从业人员及学者组成的松散网络。这个组织的工作人员苏珊娜·伦纳德（Suzanne Lennard）指出，好的城市设计不仅"可以提升小镇居民的福祉，而且可以强化社区、提升社会和身体健康水平，提高公众参与程度"。[88] "让城市宜居"运动提出了"真正城市主义"的想法，这个想法是基于时间检验的原则——重视高质量公共空间（特别是广场和市场），重视人的尺度建筑（有混合使用的结构可以满足零售和居住的需要），重视紧凑的街区、街道和广场的城市肌理以及室外咖啡馆、餐厅、农贸市场和社区节庆。"真正城市主义"旨在创造"短距离的场所"，通过平衡的交通规划尽可能用步行网络、自行

车网络、有交通降噪措施的街道以及公共交通来通勤。"让城市宜居"运动也把注意力放在继承小镇的认同（它们的 DNA）上，并提升公共艺术，将建成区环境本身提升为艺术作品。

## 5.1　为宜居而设计

"真正城市主义"的理想为我们提供了宏大的智慧平台。设计行业研究宜居性的历史很长，自 20 世纪中叶起，对当时占统治地位的现代主义设计的讨论就很多。确实，早在 1920 年代，刘易斯·芒福德（回应帕特里克·盖迪斯在世纪之初时论述）讨论了快速工业化区域的建筑传统保护问题。1950 年代，出现在英国的"城镇景观运动"可以看作是对英国新城中现代主义雕塑式的建筑以及缺乏城市性和人的尺度的回应。这个运动强调城市景观各要素的"关系的艺术"以及通过形态构建进行"场所恢复"的愿望。形态构建包括展现街景和建筑的序列（包括私密的公共空间），展现建筑形式中的多样和气质。这些情感很快在其他地方得到了响应，尽管大多数可能还只停留在设计图阶段。

1960 年，凯文·林奇在麻省理工学院规划系工作，提出了城镇景观"易读性"的概念，指出人们对建成环境的感知主要由地标、路径、节点、边界和区域等几个关键要素决定（图109 ～ 图 111）。1970 年代，在加利福尼亚大学伯克利分校执教的英国建筑师克里斯托弗·亚历山大（Christopher Alexander）试图找到建成区环境和公共空间各要素之间的模式"语言"，其中的逻辑将有助于将城市设计渗透到"永恒"的情感中。他们的方法论的确

**图 109　苏格兰珀斯**

高街，是个通道的例子。凯文·林奇视之为建成环境的关键要素。

**图 110　瑞士贝林佐纳**

大城堡是人们对该镇意象地图中突出的地标。

**图 111　意大利托蒂（Todi）**

与很多山区镇类似，托蒂有一个明确的边界。

幼稚和不可靠，其逻辑都是基于过于简单化的环境决定论（即建筑形式的改变→社会和文化的反应），但是，结果却是毫无疑问的，他们的工作影响力巨大，很大程度是因为它为日益增长的对城市景观质量的关注提供了分析框架。[89]

意大利的学者、实践者阿尔多·罗斯（Aldo Rossi）领导的新理性主义运动，是与以上完全不同的应对方案。1966 年他出版了《城市建筑学》（The Architecture of the City）一书，试图定义源于经济和地理背景的各种建筑类型，从而取代现代主义建筑大而化之的类型。新理性主义者将建成区环境视为"记忆的剧场"，希望"界定聚落的基本类型：街道、拱廊、广场、院落、居所、柱廊、大道、中心、核心、皇冠、半径和节点……就好像把城市走过一遍。这样城市可以转化成一个文本"。[90] 在 1970 年代，这些理念受到了"欧洲城市重建运动"的追捧，莱昂·克里尔（Léon Krier）是这个运动的主要倡导者。克里尔倡导基于认同和功能整合的城市设计以及具有前工业化时代比例、形态和工艺的建筑。他受到滕尼斯（Tönnies）社会学的影响，深信小镇可以为"礼俗社会"（Gemeinschaft，德语名词）这种社区最紧凑的形态提供先决条件。[91]

1964 年，纽约当代艺术博物馆受到乡土建筑的极大启发，组织了题为"没有建筑师的建筑"的展览。[92] 在法国，复兴传统城市质量的冲动导致了"地区城市主义"，旨在创造"街道和广场的痕迹、安排、住房类型（特别是带院子的独立住宅）、视角、可以让城市更加令人愉快的建筑组合的来源，尤其是我们的城市在被淹没（第一次淹没是郊区化发展的增长，接着是大一统的密度和简单几何形状的推动）之前的形态"。[93] 在这个旗帜下的一些发展得到了国际关注。一个是圣特罗佩（Saint Tropez）附近的格里莫港（Port Grimaud），1973 年由弗朗索瓦·斯鲍瑞（François Spoerry）设计和开发，模仿了一个渔村。在意大利，1980 年威尼斯双年展开幕式使用了这样的主题"过去的呈现：禁令的终结"，旨在用"重新唤醒想象"来重塑城市设计理论。在美国，由建筑理论家柯林·罗（Colin Rowe）倡导的"文脉主义"特别重视建成区环境中所有继承的要素，强调街道、轴线的重要性以及建筑物在城市空间界定中的作用。[94]

历史和地理也通过某种方式进入了城市设计的讨论范畴。到 1990 年代，美国最令人尊敬的建筑历史学家文森特·斯库利（Vincent Scully）断言："今日建筑界最重要的运动是乡土和经典传统的复兴，以及它们与当代建筑的再整合（通过最基本的途径：社区结构和城镇营造）"。[95] 这个运动最初表达为支持者们所说的"传统邻里发展"（TND），试图通过条理化成片开发思路以创造出第二次世界大战前小镇的形象和感觉——步行和社会交往优先于小汽车的使用。美国建筑师安德列斯·杜安尼（Andrés Duany）和伊丽莎白·普拉特-兹贝克（Elizabeth Plater-Zyberk）被誉为"传统邻里发展"的鼻祖，他们通过固定的设计规范来实现"传统"小镇邻里的韵味，其典型的做法是，房屋都效仿美国第二次世界大战前的房屋风格。旧金山建筑师彼得·卡尔索普（Peter Calthorpe）也有类似的动机，试图为郊区化开发的新形态提供设计指引，并发展了"步行口袋"的概念。受到有轨电车年代的郊区启发，卡尔

索普的想法是在公共交通节点的步行距离内创造更高密度的郊区，于是，"步行口袋"会成为"公交导向开发"（TOD）区域开发计划的一部分。

以上想法在 1990 年代共同促成了"新城市主义"。"新城市主义"主要基于这样的判断：宜居性可以通过设计指引的条文化来传播，而设计指引是基于先例和源于对传统社区模式观察得出的形态指引（图 112 ~ 图 114）。这个标准由杜安尼和普拉特-兹贝克（他们的公司叫 DPZ）提出，形成了"新城市主义词典"，并在"新城市主义大会"（这个组织的协调网络）上分享。新城市主义的原则和阐述是源于 19 世纪知识分子对乌托邦的向往和冲动派生而出的混合物，包括的元素有：

（1）城市美化运动（基于创造道德和社会秩序的威权和回归的渴望，通过建成环境的安排和象征主义来实现）；

（2）约翰·诺伦对城市设计的坚持，希望城市设计成为恢复经典市政理想的道路；

（3）帕特里克·盖迪斯的"自然区域"构想；

（4）克拉伦斯·佩里（Clarence Perry）的"邻里单元"构想；

（5）雷蒙德·尤恩（Raymond Unwin）和巴里·帕克（Barry Parker）对传统和乡土设计的主张；

（6）19 世纪花园郊区和 1920 年代"大郊区"的先例；

（7）英国城镇景观运动；

（8）克里斯托弗·亚历山大的模式语言概念；

（9）凯文·林奇的可读性概念；

（10）新理性主义、区域城市主义和文脉主义的思路和倾向。[96]

街道的形态是新城市主义的关键，

可以构成城市建筑群，从而界定城市空间。街道形态也是构成建成区形态和公共空间要素的清晰模式的需要，它还对拥有可识别、功能整合的空间具有重要作用。[97]该信条是公共建筑、步行街以及城市设计（包括林荫大道、封闭街区、广场和纪念碑等形态）的传统词汇，可以成为社会和社区的催化剂。根据新城市主义大会的要求，这些都通过城市设计师们那些带数字的图片实现：详细的标准规范和惯例，嵌入到一系列控制性的文件中（如控制性规划、城市控制导则、建筑控制导则、街道类型和景观控制导则）为新城市主义发展提供模板。

新城市主义唤醒了人们对城市设计的兴趣，为已经程序化和官僚化的土地利用和规划带来了新理念。它也使场所感、宜居性、可持续发展和生活质量成为重要的政策话题，帮助复兴可定义的

公共利益的理念。但是，尽管它对新区的开发商有很强烈的吸引力，新城市主义仍受到了很多批评，主要是来自社会科学家。他们认为新城市主义对新传统设计的喜好成为一种文化还原的形式，形成了不真实的环境，既幼稚又俗气。它的实践者和倡导者被形容为"建筑后卫"，贩卖陈词滥调，并幼稚地混淆时空创造新时代的城市主义，看上去一部分是寻常的聪明，一部分是模糊的诗意，很响亮却没有意义，新城市主义宣传的偶像主义和无耻的自我引用的文献其实没有什么用处。[98]

批评者们认为新传统城市设计先天就是社会倒退。例如，社会学家理查德·桑内特（Richard Sennett）形容他们是"从复杂世界中抽取出的实践，布置了自以为是的传统建筑，虚构预言会产生社区凝聚力和对过去时光的共同认同"。他形容那些设计师是"得

**图 112　美国弗罗里达州庆典镇**

按照新城市主义原则规划，该镇有棋盘式的路网，可容纳 8000 个居住单元。镇中心有底层商业的公寓、学校、大学分校、酒店和办公楼。一本 70 页厚的房屋设计规范确保该镇建筑模式的一致性。该镇的开发商——迪士尼公司创造了很多新"传统"。

了幽闭恐惧症的艺术家"，并断言"基于排斥、一致和思乡病的地方营造对社会是有害的、对大众心理也是无用的"。[99] 新城市主义主要的缺点是对环境决定论的断言和空间形态优于社会过程的优越感，在新城市主义的逻辑中，设计规范成了行为规范，"好"的设计（新城市主义者的设计）等同于社区、礼仪、场所感；而"坏"的设计等同于没有场所感、无聊和离经叛道的行为。这当然是妄想，场所是社会构建的，人与环境的关系是复杂的、互相反馈和影响的。

这对小镇的启示是，城市设计可以对宜居性和可持续性有所贡献，但不能完全依赖于它们。"真正城市化"（西雅图建筑师、规划师、城市设计师马克·欣肖提出）并"不是单一观点的产物"，而是"很多组织、联合会、政府机构集体决策"的结果。他认为，"真正城市主义的社区是不断演变的，填充，再开发，混合各种建筑风格和情感……它们有强烈的城市性，珍视多样性而非一致性"。[100] 城市设计的核心应该是"多样性和活动，帮助创造成功的城市空间，特别应该重视物质环境如何支持发生在空间中的功能和活动……城市设计的概念应该是公共领域的设计和管理，对象包括建筑的外观、立面之间的空间，在这些空间之间发生的活动，以及对这些活动的管理，总之都受到建筑自身使用的影响"。[101]

**图113 美国佛罗里达州海边镇**

1982年该镇作为度假镇在佛罗里达湾海边兴建，迅速成为新城市主义的偶像。道路网中心有中心广场，并有放射型的林荫大道，向城市美化和花园城市原则致敬。城市的设计导则控制了街道宽度、景观、地块尺寸、房屋类型之间的关系。建筑导则在南部本土房屋上增加了柔和的色彩。该镇非常上相。

**图114 英格兰庞德伯里（Poundbury）**

该镇建在多尔切斯特（Dorchester）郊区康沃尔公爵领地上，基于新城市主义原则设计，房屋带有新传统主义风格。公共空间由所有居民拥有的管理公司维护。

## 德国科尔希斯特费尔德镇

科尔希斯特费尔德镇（Kirchsteigfeld）是模仿中欧传统小镇形态的全新开发项目。该镇位于波兹坦市的边缘，距离柏林仅36公里，在紧凑的场地上可容纳7500人。该镇始建于1990年代，旁边是东德年代兴建的现代主义住宅街区。整个镇按照由罗伯·克李尔（Rob Krier）和克里斯托夫·克尔（Christoph Kohl）建筑师事务所编制的总体规划实施。[102] 按照规划，房屋由不同的建筑师设计，以确保建筑的多样性。2300套住宅绝大多数是由公共资金补贴的社会住宅，这些住宅按多层、高密度的结构布局，围绕着一系列有社区花园的院落，成为该地区比19世纪公租屋更加放大的版本。街道网络由池塘或者线性的水体点缀，街道边缘精致地布置了景观，遍布锯齿状的长椅。

城中的景观令人回想起20世纪早期的花园城市项目，例如德国的玛格丽特亨荷西（Margarethenhöhe）。实际上，这个镇最大的特色就是开敞空间，小镇的每个分区都有一个特别设置的开敞空间，其中最醒目的是镇北部一个泪滴形的公园（但不知为什么，这个公园叫做马蹄铁广场），住宅建筑周围铺着碎石，种植着整齐的树列，令人联想到巴黎的太子广场，围合布局的六层住宅楼形成了一小块圆形空间，这些在平面上形成了一个惊叹号。在街道层面，封闭的圆形空间通过狭窄的开口通向中轴线以获得更宽阔的视野。更重要的功能位于中央市场广场，包括一个地标性的教堂、一系列零售和商业服务设施以及包含社区中心、分支图书馆、高中、小学和两个日托幼儿园在内的公共服务设施。

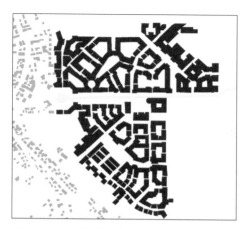

图115　科尔希斯特费尔德镇中心

该镇建成差不多15年了，但有些观察家感觉该镇"还是像舞台布景，社区的质量与体贴设计的很多细节并不匹配，一些精心布置了景观的地区似乎更像是为展示而设计，而非使用"。[103] 但是来自居民的初步回应并非如此。公共广场的重要性已经得到广泛认可，它可以界定城市空间，给予认同和场所感。居民"都欣赏可以从公寓窗口往外看到的动人风景，第二，所有人认识到城市空间可以提供给社区聚会的可能性"，[104] 半公共的街区内部空间可以方便孩子们串门，内部的游戏场地也很安全，因为很容易让家人监护，甚至可以从公寓里看到，家长们很喜欢这点。同时，居民们都认为中央市场广场是约见邻居的集中点，对于整个社区也是很重要的，因为几乎所有特别的事件都在这里发生。居民认为它的区位（特别是与周围商店和公共服务设施的关系）和规模都很重要。

**图 116 科尔希斯特费尔德镇**

镇的大部分地区是拥有彩色立面的 3 到 5 层的公寓楼。每个街区都有公共花园，可以提供绿色空间，边上适当布局了停车位。

**图 117 马蹄铁广场**

科尔希斯特费尔德镇的每个部分都有自己的公共开敞空间，这些空间的形状和尺寸都不同，试图形成小尺度的场所感和认同感。

**图 118 科尔希斯特费尔德镇**

这个镇模仿了早期高密度的城市形态。拥有完善的较窄街道形成的路网，有生动的立面和宽敞的院子。这张照片显示了中央景观轴线，以及临近的圆形和由中高层围合式公寓包围的马蹄铁公园。

## 5.2 街道生活：内容、运动和欢聚

城市设计不仅仅关注形体和形态。它还关注内容、背景和构成娱乐、节奏、运动的能力。我们在第1章谈到的，成功的场所有大量非正式、休闲会面的机会，有友好的第三场所，有街道市场，有各种舒服的地方可以坐下、等待和看着人来人往。最重要的是，认同感、归属感、原真感和活力感。建筑理论家南·艾琳（Nan Ellin）用"整合城市主义"来表达以上的意思。她认为，整合城市主义的关键属性是混合、联通、多孔、原真和脆弱。"混合"、"联通"依赖并列、同步、城市功能的组合和链接、在关键位置节点上或者区域间的边界上联系人们和活动。"多孔"依赖小镇的历史和当代、自然环境和建成区环境、社会文化和物质维度的视觉和物质整合。"原真"依赖大规模和小规模介入，以应对社区的需要和品位，而这些介入都源于地方气候、地形、历史和文化。"脆弱"需要城市规划师和设计师放弃控制的愿望，让事物自己发生，期待意外的发现。这些属性更加重视过程而不是结果，重视人与场所之间的共生关系。"整合城市主义"的目标是确保场所在"流"中，物质属性和人的体验无法互相分离而是互相依赖。艾琳观察道："遇到不在'流'中的场所，法国人通常评价这个场所没有灵魂，美国则爱说它缺乏特色。形容在'流'中的场所，法国人会说有灵魂，美国人会说生动"。[105]

从这个角度，很多小镇拥有内部空间品质的优势。这些优势源于小镇曾经是市场镇或是前工业、前现代时期的中心地。小镇的建筑拥有宜人的尺度，街道和广场为了适应人们步行和户外休闲不断演变。因此，对于小镇可持续至关重要的是，第一，城市设计不会损害小镇固有的特征和优势。第二，城市设计应该力求巩固、加强和保护这些特征，使之更好地符合"整合城市主义"的理念。

### 5.2.1 内容：小镇景观

已有的城市肌理构成了一系列小镇景观的结构和空间，人们可以从内部和周边的观景点看到。地理学家爱德华·劳夫（Edward Relph）观察道："小镇景观是现时体验的背景，受制于现时。它们是每天、每周、每季人类活动模式的环境，是回忆和期待的背景和参考点。它们是记忆地理的重要构成要素，与人类生命非常类似，景观也"有产生、变化和衰败的节奏，虽然节奏的速度和组合非常不一样"。[106] 小镇景观一定要在镇的经济、社会和文化功能以及过去和现在的背景下理解和欣赏，对镇与周边文化景观关系的理解也很重要。

从可持续角度进行的小镇城市设计的第一步就是识别小镇景观的关键要素，这可以通过对小镇景观用正式和系统的方式审计来进行——描述镇的物理和环境特征，识别有助于界定小镇特质的要素，精确找到降低或者削弱场所质量的开发（图119）。审计可以为开发商制定一系列开发指导原则，也可以帮助识别需要提升和更新的重点地区。[107] 但是，小镇景观通常需要观察者的美学敏感性，规划师戈登·卡伦（Gordon Cullen）和埃德蒙·培根（Edmund Bacon）的工作为城市形态（通常产生正面回应的）的有关方面提供了一些重要理解。例如，卡伦描述了"封闭街景"、"狭窄"、突出和凹入，以及偏转带来活动和视觉愉悦的方式。

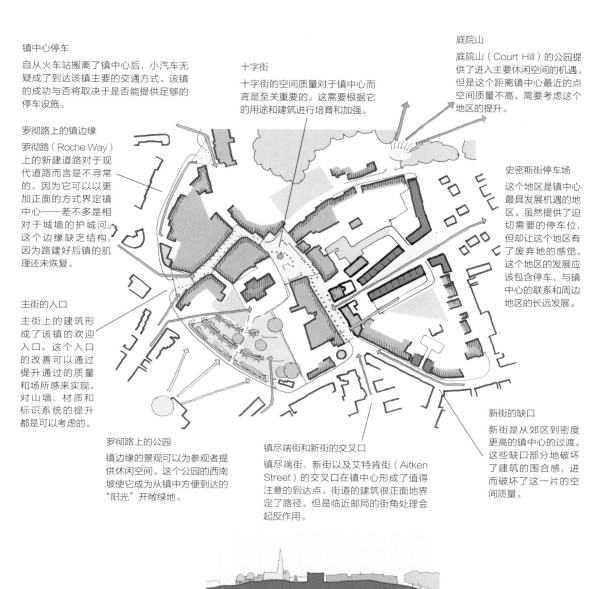

**镇中心停车**

自从火车站搬离了镇中心后,小汽车无疑成了到达该镇主要的交通方式。该镇的成功与否将取决于是否能提供足够的停车设施。

**罗彻路上的镇边缘**

罗彻路(Roche Way)上的新建道路对于现代道路而言是不寻常的。因为它可以以更加正面的方式界定镇中心——差不多是相对于城墙的护城河。这个边缘缺乏结构,因为路建好后镇的肌理还未恢复。

**主街的入口**

主街上的建筑形成了该镇的欢迎入口。这个入口的改善可以通过提升通过的质量和场所感来实现。对山墙、材质和标识系统的提升都是可以考虑的。

**罗彻路上的公园**

镇边缘的景观可以为参观者提供休闲空间。这个公园的西南坡使它成为从镇中方便到达的"阳光"开敞绿地。

**十字街**

十字街的空间质量对于镇中心而言是至关重要的。这需要根据它的用途和建筑进行培育和加强。

**庭院山**

庭院山(Court Hill)的公园提供了进入主要休闲空间的机遇。但是这个距离镇中心最近的点空间质量不高。需要考虑这个地区的提升。

**史密斯街停车场**

这个地区是镇中心最具发展机遇的地区。虽然提供了迫切需要的停车位,但却让这个地区有了废弃地的感觉。这个地区的发展应该包含停车、与镇中心的联系和周边地区的长远发展。

**镇尽端街和新街的交叉口**

镇尽端街、新街以及艾特肯街(Aitken Street)的交叉口在镇中心形成了值得注意的到达点。街道的建筑很正面地界定了路径。但是临近邮局的街角处理会起反作用。

**新街的缺口**

新街是从郊区到密度更高的镇中心的过渡。这些缺口部分地破坏了建筑的围合感,进而破坏了这一片的空间质量。

达理镇的山顶环境给了该镇强烈的场所感。

**图 119　达理镇景审计**

北埃尔郡市政厅资助了一项镇景研究,研究达理镇现状的特征、质量和行为。这包括建筑肌理、材质、土地利用和历史的研究。镇中心的关键区域是对镇中心活动和景观有重大影响的地区。通过识别出这些关键点,该镇希望确定主要提升的优先项目。

(根据 ARP Lorimer 建筑师事务所为北埃尔郡市政厅所做的工作)

封闭街景在建筑或者纪念物位于街道尽头出现时产生，可以提供可供参照的"标志点"，当建筑拥挤在一起时会有狭窄的感觉，当街宽比很低时，会有很强烈的封闭感和不可避免的近距离细节（图120）。偏转产生于对关键建筑的视线是斜的而不是垂直时；突出和凹入发生在不规则的建筑后退和街道形态，会引发错综复杂吸引眼球的细节。培根非常重视天际线的美感、建筑物和地面交接的方式、建筑和纪念碑上让人产生愉悦的关键点、不同大小建筑物并列产生的"前景"效应，以及建筑形式空间布局的深度和透视点、上升下降和凹凸感。[109]

以上的观察与格式塔心理学不谋而合。格式塔心理学强调情感上将视觉场景中不同要素归纳为视觉连贯的构想的能力。在这个背景下，社会学家彼得·史密斯认为人的美感欣赏能力中有四个基本维度。第一个是在复杂视觉要素中感受到图案的能力。第二个是欣赏视觉节奏（赋予要素以重点、特点、间隔和方向）的能力。第三个是在某个包含不同形状、材质、色彩的视觉场中识别"平衡"的能力。最后一个是对形状、比例和角度和谐的感知能力。[110] 对于城市设计而言，建成形态可以赋予它们方向感、围合、连续性、相似性和邻近性。[111]

在小镇可持续的背景下，这些观察要求政策和实践要兼顾保护和变化。任何城市设计的方法必须留意空间尺度的问题。在小镇中，有三个重要的空间尺度：小镇所处环境的大尺度、镇主要公共空间的中尺度和公共基础设施细节的小尺度。

图 120　德国赫尔斯布鲁克

普拉格（Prager）街是该镇向东的古老路径，是卡伦所说的"狭窄"环境的例子。

## 5.2.2  环境和风景

我们在第4章曾提到，小镇和周边乡村的关系是小镇认同和场所感的重要部分。所以，小镇在风景中的可见性和它对于文化景观的贡献是可持续规划要面对的重要问题，它们会决定小镇扩张的范围和特征，特别是关于未来发展的高度、体量和尺度。

地形和景观有助于界定小镇，是小镇认同的重要组成部分，但是通常从小镇的很多地方并不能看到周边的乡村；从乡村看小镇也是同样，人们不容易看到镇的景观，甚至是小镇的天际线。显然，以上主要取决于地形。从远处可以看到山城的景观和形态，几乎每个方向都能看见建筑群、轮廓和天际线。在荷兰、美国中西部、意大利珀谷平坦开敞的平原上的小镇也能看到代表性的轮廓。而另一方面，我们有时会突然看到山谷中的小镇，这些镇一般很隐蔽，只有从山上俯瞰才能看到。

正如规划师斯蒂芬·欧文（Stephen Owen）所绘的英格兰勒德洛镇（图121 ~ 图123）的分析图，很多要素取决于观察方法的导向。这些图展示了随着观察者的移动，路德罗镇要素变化的关系。"在弧线的北边，特别是从接近小镇的较低的地面观景点看，小镇是一个非常狭窄的基地，城堡控制着天际线，而且地形并不清晰。然而，当观察者经过弧线往南、往东移动，往坡上走，小镇的轮廓加宽加深了，城堡和圣劳伦斯教堂都控制了天际线，清晰的地形关系出现在小镇和背景的克里山（Clee Hills）之间，在距离更远的视角观看这一点更为清楚。最后，到弧线的最东边，因距离增加，土地的形状和植被出现，而城堡消失在天际线中，只有圣劳伦斯教堂的尖塔还控制着天际线。从更高的视点，朝南缓坡上的中世纪的棋盘式小镇形成了小镇的轮廓，米尔街和布洛德街是这个轮廓的两条深槽，此时图底关系消融了"。[112]

**图 121　英格兰勒德洛镇**

这些分析图表达了人们在周围环境移动时该镇视觉结构的变化。根据 Owen, S. "Classic English Hill Towns: Ways of Looking at the External Appearance of Settlements." *Journal of Urban Design*, Vol. 12. No. 1, 2007, p. 111.

**图 122　英格兰勒德洛镇**

与上图参考相同。

**图 123　英格兰勒德洛镇**

与上图参考相同。

### 5.2.3　公共空间

小镇的公共空间，包括街道、巷道、广场、市场、公园和开敞空间，对整合城市化和场所营造非常重要。建筑周边和之间的空间并非只是为了交通工具和人的移动，也是人们的相遇和各种社会商业活动的焦点。欧洲城市化最伟大的传奇之一是市场、城镇广场或者广场。由建筑包围，有小的出入口引导进出，这些空间提供了包容和围合的感觉。一个共享的空间可以给一个小镇提供焦点和认同。这个空间大多被商店和咖啡馆围绕，同时重要的市政和宗教建筑（是广场连续城市肌理的一部分）还点缀其中。

意大利威吉瓦诺（Vigevano，人口63700）有一个经典的广场——自给自足，完全围合，进入广场的街道是广场仅有的为数不多的缺口（图125～图127）。广场的平面是规则的几何形态，周边建筑立面形成了重复元素的节奏。常见的广场形式是"统领性广场"，正如意大利托蒂（人口17399人）的珀珀罗广场（Piazza del Popolo），空间和周边的建筑都聚集在主要建筑——多莫大教堂周围（图124、图129）。"原子状"广场的例子是英格兰奇切斯特（Chichester，人口25000人），有一个中央大广场（市场的交叉口）。还有"广场群"，通过短街道联系，如意大利佩鲁贾（Perugia人口162000），或者通过一个统领性的建筑联系，如德国的赫尔斯布鲁克（人口12500）。尽管各广场的功能不尽一致，但美感是一致的（图128、图130～图132）。[113]

公共开敞空间是欧洲城市化的另一个重要传奇。很多中世纪的城镇都有一片开敞空间。人们可以在上面放牧、堆放柴火，当然也用来娱乐。有一些还有箭靶子，供人们练习射箭。很多这样的空间保存下来，成了公园或者游乐场之类的公共开敞空间。有些镇在18世纪还增添了更加正式的休闲花园和植物园，形成林荫大道和风景良好的环境，供人们社交和休闲。这些空间经常是纪念碑、雕塑（每个镇特别的东西）的背景，也是公共认同和场所感的记录载体。

图 124　意大利托蒂

珀珀罗广场。

图 125　意大利威吉瓦诺

杜卡乐广场（Piazza Ducale）是文艺复兴早期该镇规划的产物，由布拉曼特（Bramante）在 1492 到 1493 年为卢多维科·玛丽亚·斯福扎（Ludovico Maria Sforza）设计，原本是作为斯福扎斯科城堡（Castello Sforzesco）的前院，被公认为意大利最好的广场之一。由广场周围的拱廊围合，这个广场为该镇的居民提供了重要的社会空间。

图 126　意大利威吉瓦诺

杜卡乐广场。

图 127　意大利威吉瓦诺

杜卡乐广场。

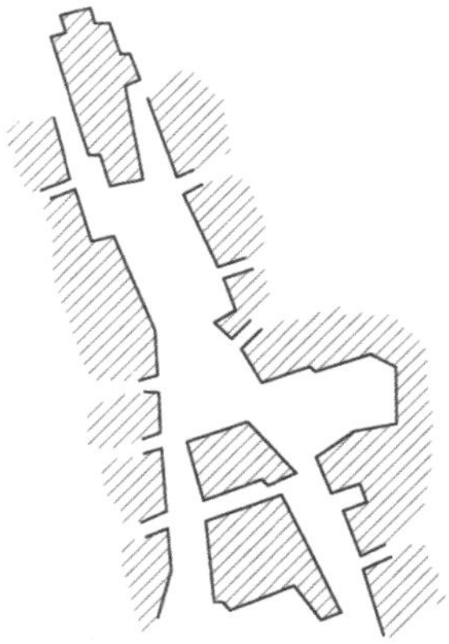

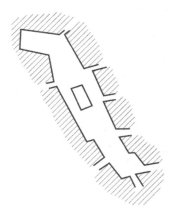

图 129　意大利托蒂

珀珀罗广场和加里巴蒂广场（Piazza Garibaldi）。

图 130　德国赫尔斯布鲁克

上、下市场。

图 128　意大利佩鲁贾

11 月 4 日广场、共和国广场和意大利广场由万努奇大街（Corso Vannucci）的宽敞步行空间所连接。

图 131　德国赫尔斯布鲁克

上市场。

图 132　意大利佩鲁贾

万努奇大街。

图 133　瑞士贝林佐纳

在该镇中世纪的中心，一个现代风格的广场出现在再开发地块中。

图 134　苏格兰珀斯

公共艺术可以成为城市设计中主要的细节，甚至有助于形成镇的认同和场所感。例如，这个威廉·苏塔（William Soutar）设计的雕塑位于该镇步行化的高街上，有助于提供人与空间互动的质量。人们可以在这里碰面，成年人可以靠在上面休息。

图 135　意大利摩德纳（Modena）

拱廊可以遮风避雨，是促进社会互动的转换区域。有拱廊的步行道是南部地区城镇常用的城市设计要素。

### 5.2.4　细节

细节可以吸引眼球。对细节的关注可以帮助城市环境变得更人性，增强宜居性。社会学家扬·盖尔（Jan Gehl）在阐述他的城市设计先锋思想的书中说，"创造空间仅让人进出是不够的，鼓励人们在空间中四处溜达或者逗留的条件必须存在。在这个背景下户外环境个别片段的质量扮演重要角色。个体空间和细节的设计，再到最小的构件都是决定性要素"。[114]

例如，建筑的色彩使用不仅让小镇景观增色，而且也决定了图底相对关系的清晰程度，特别是小镇的背景色彩或者主要建筑材料色彩是灰白色或者灰暗的。鲜花和风景也能发挥重要作用，雕塑和公共艺术也可以。街道家具（如长椅、花盆、栏杆、喷泉）的质量和组织可以为认同和宜居性做出贡献；或者说，杂乱无章或者糟糕的设计则会拖后腿。在晚上，舒适性照明（不是为了找路而设的街灯照明，街灯照明很容易造成光污染）可以通过为重要建筑和特色景观打上点光或者面光来改善街景，提供色彩和活力，甚至是额外的安全感。

铺装同样重要（图 136、图 139、图 140）。视觉上，它们可以提供尺度感，通过连接和联系中心和边缘来整合空间，在建筑之间建立起秩序而不是任其缺乏关联。图案和材质可以将大而硬的表面变成更加好处理的人的尺度。在象征意义上，铺装可以提升认同和传承。在功能上，铺装的图案可以提示人们行走或者驻足。同时多孔的铺装材料可以为环境可持续做贡献，雨水可以通过铺装回到土壤的含水层。

**图 136　德国赫尔斯布鲁克**

布拉格大街，当年是联系纽伦堡和布拉格的号称"黄金之路"的重要商路的一部分。这条商路是东西向的主要商路，见证了东方的货物和香料输入北欧，而亚麻、红酒和其他货物运往相反的方向。"黄金之路"在赫斯布鲁克的布拉格大街得到纪念，在街道的圆石铺地上饰有黄铜条和石板，以展现纽伦堡、布拉格以及当年在这条商路上交易的货物。

图 137 街道家具

街道上的柱子提供了分隔安全步行区域的有美感的方式；同时也能防止非法停车（意大利阿比亚泰格拉索）。

图 138 色彩

德国乌伯林根的大街上，大胆的色彩可以增加活力。

图 139 铺装

瑞士贝林佐纳科里哥塔广场（Piazza Collegiata）的传统圆石铺装上预留了市场日时使用的插座。

图 140 瑞士贝林佐纳科里哥塔广场

## 5.2.5　建筑之间的生活

从美感、特色、认同和场所感（也包括小镇有效功能运行的能力）的角度，小镇景观的形态内容和组合对于宜居性而言非常重要。建成区环境可以维持公共空间的活力、交际、社会性，这可能是对宜居性和可持续性最大的贡献（图 141 ~ 图 143）。如扬·盖尔所说，"从长远来看，建筑物间的生活比任何彩色的水泥和交错的建筑形式都要重要和有趣"。[115] 社会体验是宜居性的关键。"与体验建筑和其他静止的物体相比，在人群（他们会走动、谈话）中间可以得到很多启发"。[116] 盖尔的观点是城市设计可以影响使用公共空间的人数，单个活动延续的时间以及受欢迎活动的类型。为此，他提出了必要活动（如购物或者上班）、选择性活动（如散步或者在人行道上的咖啡店来杯咖啡）和社交活动（如偶遇、闲聊、谈笑、讲故事、开玩笑、调情和严肃交谈）的分类。

更好的公共空间可以提供社交活动的更多选择。人们是互相吸引的。小镇的好处是，工作和居住在不同建筑和社区中的人们使用很多相同的公共空间，这样，他们经常在日常或者每周的活动中相遇。熟悉程度、交互主体性和社交性得到了加强。正面的影响产生了，社会资本形成了，人们对市民社会的感觉加强了，于是他们参与地方事务和民主的可能性提高了。

在小镇中，广场和市场是这些活动发生最多的地方，接着是步行化的街道和小公园。因为人们互相吸引，即便是静止的活动，如站着谈话、坐着看人或者看报纸、打盹、日光浴、在路边咖啡馆坐着，也能为街道带来生机。在大多数情况下，这些活动有"边

图 141　意大利基亚文纳

偶遇是小镇社会生活中的重要方面。

图 142　瑞士门德里西奥

图 143　英格兰勒德洛

缘效应"——人们喜欢待在街道或者广场的边缘，或者一个空间到另一个空间的转换地带，可以让他们在相对不显眼的情况下徘徊、观察（图144）。

但是公共空间也是流动和运动的空间，因此有必要平衡交通工具和行人活动，有必要平衡选择性运动和必要流动。交通工具的运动对建成区环境有深刻的影响，会影响居民的生活质量。说到流动，很多小镇中狭窄、通风的街道面临挑战，另一方面，在小镇中到达很多便利设施的步行距离应相对较短。这就要求城市设计促进和加强步行化和自行车可达性（如果地形允许的话）。在日益快节奏的世界中，沿着安全和有兴趣的路径不紧不慢地步行和骑自行车正在成为宜居性的重要条件。散步可以让人们进入移动的沉思，缓慢但是彻底地沉浸在日常生活节奏中。重复的步行或者骑自行车在相同的路线上还有其他好处——常常偶遇熟人和熟悉的脸庞，这也是熟悉程度、交互主体性和社交性的前提条件。

步行经历也能强化对建成区环境的美感，热心的戈登·卡伦和埃德蒙顿·培根在他们关于小镇景观的著作中提到，一系列的偶遇和街景的展开传递了预感和满足。最后，对于人们的身体健康，步行活动也非常重要。奥地利恩斯（Enns，人口 10816，也是个慢镇）为 6 ~ 10 岁的孩子进行的渐进式城市设计项目就是一个很好的例子。快节奏世界中，尽管住得很近，父母仍然接送孩子，为了扭转这个趋势，当地的学校、奥地利环境部、奥地利气候联合会合作划定了"父母止步"汽车下车区。下车后，家长可以通过不同路径陪孩子步行到学校。短距离的步行不仅给孩子锻炼的机会，让他们适应步行，而且还给了他们上学前社交的时间。

图 144　边缘效应

人们喜欢坐着看别人，这意味着公共空间的边缘最早被填满。

图 145　意大利贝林佐纳

周六市场。

# 6

# 可持续经济

维持和发展可持续经济对于小镇的生存能力和宜居性非常重要。小镇经济需要为本地居民创造和维持高质量的工作机会，需要培育本地人拥有的生意。可持续的经济发展不应只是利益最大化，还应包括社会、环境、文化的考虑。小镇的经济开发者需要在设计发展地方经济的战略和政策时将三条底线都考虑在内。三条底线的目的在于提升人们的生活质量，在盈利的同时保护地球。加拿大的社区企业中心致力于强化地方经济30年，他们认为可持续和基于社区的经济发展是"一个建立组织和合作的过程，这个过程连接了盈利性的企业以及其他利益和价值，如高质量的工作、市场化的技巧、卫生、可负担的住房、平等的机会和生态责任。在近期或者远期建立或重建创新、包容和可持续社区的地方运动的宏伟计划中，企业成为必不可少的部分"。[117]

可持续社会或者小镇的经济发展与大多数传统的地方经济不一样。传统的地方经济关注在某个社区中工作岗位和企业的增长数字，而不考虑这些工作的收入和产业类型。而可持续发展战略关注经济活动的质量和整体影响。这种非传统的方法促进了人力资本和技能的开发，开启了长期的结构性变革，避免了给大公司提供的昂贵的税收减免，建立社区资产，关注环境效益，并尽量避免生态退化。它强调本土产业在经济社会中的重要性，因为书店、专卖店、咖啡馆和餐厅可以成为为社区服务的"第三场所"。规划可持续的小镇经济发展应是具有参与性和包容性的，它需要寻求建立"替代性的经济空间"，可以更加适应全球化和后工业化导致的变化。

## 6.1 经济挑战

小镇面临很多经济挑战，这使得采取可持续的经济发展战略变得很难，但也越来越重要。在美国，许多小镇缺乏经济多样性，通常它们依赖一到两个行业生存，好几代居民都在资源性行业就业，如采矿、林业和农业，或者诸如纺织或家具制造等制造业。这些类型的小镇是"缓慢衰退的旧经济地区"[118]，因为企业（特别是低附加值行业的企业）正在关闭工厂或者将就业转移到海外。根据美国农业部的统计，美国在过去10年间流失了超过80万个纺织和制衣就业岗位。这轮经济下滑尤其影响到那些还在与高贫困率、吸毒、城市环境恶化、医疗设施不足、普遍抱有失望和绝望情绪等做斗争的小镇。绝大多数小镇位于美国农村，这里的贫困率高达14.2%，超过11%的农村家庭食物供应不足（人们需要足够的食物才能获得健康的生活）。[119]另一方面，靠近城市地区的美国小镇可能设施丰富，但也面临着巨大的增长挑战：郊区的住宅发展正在破坏小镇的特色，连锁商店迁入了小镇边缘迫使主街上的本地商店关门（图146、图147），同时这些没有限制的增长将意味着认同和传统的丢失。

当美国的小镇经历这样的问题超过20年时，日本的小镇近来走上了类似的道路。过去5年日本经济大规模扩张，诸如东京这样的城市中心正在蓬勃发展，却以边缘地区为代价。美国式的经济自由刺激了日本经济，于是保险、银行、零售等行业的管制放松了，结果，大型零售商（很多是日本国内的企业）开始在小镇的边缘设立连锁店，威胁了本地商业的生存。越来越多的日本小镇正在变成鬼镇，年轻的人口流向繁荣的城市中心，小镇日益变得

政治分裂。[120]类似的发展也发生在欧洲，这种现象称为"收缩中的城市"。

小镇的经济衰退是全世界的巨大挑战。新经济基金会发现，在英国有1000多个社区已经没有银行，从1997到2009年间每周有50家特色商店关闭。[121]同样的研究指出，从1999到2009年间关闭了5000多家邮局，5年间大约关闭了8600个独立杂货店。本地商业和服务业的丧失意味着居民花在国家级连锁企业的钱不会留在社区（图148），这些钱会流往公司的总部。社区生活变得越来越依赖大公司的政策制定者；尽管这些人根本没有任何与本地的联系，只关心公司是否能盈利。相反，小型地方零售和商店可以为社区留下利润，这些本地企业通常会雇佣本地居民，它们的拥有者也愿意参与市政事务。培育根植于地方的经济

**图146　美国弗吉尼亚州彼得斯堡**

在弗吉尼亚联邦时代和内战时期，这是一个重要的城镇，但是现在因大规模的郊区化和经济衰落该镇成了"收缩城市"。自1980年它的人口顶峰（41055人）开始，该镇的人口已经下降了18%。

对小镇而言是个挑战，采取社区导向的经济发展实践依赖于政策制定者解放思想和重新思考传统政策的能力，这对经济发展者而言需要思维范式的改变。

**图 147　美国弗吉尼亚彼得斯堡**

镇中心很多零售建筑废弃和空置了。为了扭转经济困局，彼得伯格的经济发展部门集中精力支持本地公司、旅游和城市活化，其中农贸市场是一个重要的锚项目。

## 6.2 追求烟囱还是发展社区？

传统的地方经济发展思路主要关注数量增长，而非地方经济和地方社区生活的质量提升。很多经济发展者致力于地方提升和营销，旨在吸引来自外部的新企业，这种实践通常叫做"烟囱追求"。主流的思路认为，外部因素刺激经济增长，所以降低生产成本是很重要的，这样就可以吸引企业落户在本地。规划师和经济发展者经常与企业密切合作，提供税收减免、廉价土地和房屋、雇佣工人的补贴和协助等等。很多城镇被迫采用以大公司为中心的经济发展战略，为的是在竞争日益激烈和全球化的环境中立足，提升它们的经济能力。

政治科学家在"城市限制（City Limits）理论"中已经注意到了以上的依赖性，他们利用城市政体理论和增长机器理论研究了企业利益和公共官员参与其中的发展挣扎。[122] 城市限制理论特别适用于美国，因为这里城市系统的政治和财政结构是分散化的，这种结构随之创造了很强的地方自治，这可以让地方政府互相竞争以获得追求税收—服务率最好的居民和企业。由于理性选择模型假定增长导向的经济发展政策可以留住和吸引居民和企业，所以，政策制定者偏爱引导经济增长的战略，而不是关注再分配、结构改变和发展的政策。这样的增长导向通过政治联盟（企业利益和地方政策制定者形成的）进一步强化，城市政体理论形容这种联盟，"政府的公共管制与生产、配送、交换方式的私有管制之间的关系是社会中一个基本的两分法，是倾向于服务商业利益的"。[123] 结果是替代方案——更加公平、民主和可持续——的方法不会被提出，原因是人们对增长的依赖和缺乏对商业利益以外团体的代表。

**图 148　瑞士门德里西奥**

这个设计师品牌打折店吸引了远超过米兰（在该镇以南约 60 公里）的消费者。在它创造了一些就业和财政收入的同时，它还对这个地区的服装销售业创造了"阴影效应"，这使该镇甚至临近地区的小型和独立商店很难生存。

### 6.2.1 成为"准城市"的危险

以企业为中心的或者主流的城市发展方法有显著的特点，它们通常涉及大规模的项目（有时是超大型的项目），例如体育馆、娱乐中心、大规模的办公综合体等，但会牺牲以社区为基础的发展。小镇常常采取类似的战略，因为它们想复制成功的大城市发展路径，但是，地理学家贝尔（Bell）和杰恩（Jayne）提出，这样的大城市风格的政策将导向"准城市"的发展，这会使小镇丧失因为"小"而带来的特色（图149、图150）。[124]

以企业为中心的战略是受争夺私人投资的全球城市间竞争的思想所驱动，通常这些项目本质上是非常同质和相似的，往往是没有特色的办公园区、郊区快餐和特许零售场所。社会学家乔治·瑞泽尔（George Ritzer）形容以上的地理现象为"麦当劳化的岛屿"。[125] 这些项目还是"消费的大教堂"，要为地方经济的腐蚀承担责任，它们深深地根植于消费文化，历史可从上溯到1950年代中叶大规模经济增长和繁荣的美国，经济发展的举措旨在创造这些单一目标的经济发展结果，边缘群体不会从中获益，只会加剧不平等。

学者和活动家已经质疑了以企业为中心的城市发展项目的决定性思想。政治学家戴维·英布罗肖（David Imbroscio）提出了替代性经济发展政体的六个要素，[126] 这包括：增加人力资本和社区经济稳定的战略；通过公共平衡提供恰当的发展成本和收益评估；资产发展的针对性和经济的地方主义；替代性制度的发展。综上，这些战略将降低政府公职人员对于外部资源和企业利益的依赖，因为每个要素都将提升社区的内生经济能力。

图 149　德国麦琴根

施瓦本阿尔比地区的麦琴根（Metzingen）和其他小镇曾因纺织业兴起。近年，麦琴根成了一个折扣购物城。超过 70 个时尚品牌（例如 Joop! 和 Escada）在这里设立了打折店。它还是 Hugo Boss（一个高端时尚设计公司）的总部所在地。

图 150　美国弗吉尼亚州丹维尔

高级学习和研究所是丹维尔（Danville，弗吉尼亚南部 45000 人口的小镇）战略引进高端经济发展的尝试结果。该镇因烟草和纺织工业的下滑经历了严重的经济问题。但是，该研究所对促进经济增长的作用并不会很大，因为该镇的其他部分仍无较大变化。

## 6.2.2 社区经济发展

即便以企业为中心的经济发展方法仍占主导，在过去几十年中新的实践已经出现。在美国，叫做"社区经济发展"的运动致力于成为经济发展中的公平和草根的民主代表。"社区经济发展"关注社区等小尺度的区域，努力让被传统主流经济体系抛弃的团体（无家可归的、少数民族、移民）获益，运动中有关注社区经济发展等不同领域的项目（表 6.1）。

根据重点不同，经济与社会的联系和互动是"社区经济发展"方法的核心。作为一种选择，在发展导向方法中以实现结构性的变化为目标，即社区经济发展的目标是产生对社会有益和可持续的发展。因此，这个运动不同于传统的经济发展模式（传统的经济发展通常只关注增长，而不是公平的增长）。"社区经济发展"的主要倡导者是非营利团体、倡导性组织、社区委员会、社区银行和其他基于社区的组织。"社区经济发展"试图施惠于当地居民，在经济和社会之间创造互惠的联系或者协同，它力求避免负面的环境外部性，加强稳定、独立的社区结构。

社区经济发展 表 6.1

|  | cEd<br>（经济） | ceD<br>（发展） | Ced<br>（社区） |
|---|---|---|---|
| 经济的概念 | 资金的交换 | 资金和非资金的交换 | 基于市场和非市场的原则进行生产和分配 |
| 社区的概念 | 地方 | 家园 | 彼此的承诺 |
| 首要目标 | 就业和收入的增长 | 稳定性和可持续性 | 分享和关爱 |
| 首要战略 | 增加资金的流动 | 通过结构变化增强地方控制力 | 整合社会和经济发展 |
| 例子 | "将成为城市"的镇 | 社区拥有权 | 慢城 |

来源：根据 Boothroyd, P., & Davis, C., "Community economic development: Three approaches." *Journal of Planning Education and Research*, 12, 1993, pp. 230–240.

## 6.3 替代性经济空间

社区经济发展给小镇的未来带来很多希望。如果与可持续发展结合一起，它需要建立"替代性经济空间"，以挑战通常的资本主义范式。替代性经济空间重塑社区、提高自给自足能力、为被主流经济忽略的群体提供服务和产品。建立这些替代选择很重要，因为诸如全球贸易、城市蔓延、各地争夺就业岗位的竞争等外部力量已经破坏了小镇的经济能力。建立替代性经济空间的战略旨在创造独立于主流经济的经济回路和循环，相信通过这样的分离可以提高自给自足能力，保护社区免受外界经济冲击。在这个框架下，建立替代性经济空间的实践主要针对较小的地理尺度，如地方社区、邻里，其假设前提是，在有限的地理空间范围内居民与地方有更好的联系，期望居民可以经常前往当地商店，他们的购物会施惠于当地的店主（图151）。源自这些地方开销的财政收入会留在社区内，并会参与再投资。

建立替代性经济空间的实践得到了环境活动家比尔·麦吉本（Bill Mckibben）的支持。他写了关于"深度经济"的文章。他的"深度经济"概念来自"深度生态"，这是挪威哲学家阿尼·纳斯（Arne Naess）于1973年创造的概念。"深度生态"表述了人类和环境的整合，把更大的价值赋予生态系统的非人方面，它的"深"是因为这个哲学声称自己对人类在生态系统中的作用考虑得更加深远，而是不像通常的环境计划或运动把环境与人类分开，甚至将环境从属于人类。

麦吉本在他2007年出版的《深度经济：社区的财富和持久未来》一书中，呼吁大规模的地方经济重构，将更多关注放在发展而不是增长上。他说道，与主流经济不同，"建立地方经济将意味着停止崇拜市场是永远正确的，自觉在市场的范围内设限。我们需要淡化效率，关注其他方面的目标。我们必须通过几代人的努力对我们的日常习惯做出最大的改变，并让我们的世界观和看待进步的看法做出最大的改变"[127]。麦吉本需要的结构性改变包括方向性的转变——从增长导向（更大、更富、更巨、更有效率）到将生活质量、意义、幸福考虑进来的导向，这种发展思路认识到更加富有并不能让人更加幸福。事实上，心理学的研究证明了这点，生命的满足来自非物质的因素，如健康、家庭生活、友谊和社会联系。

**图151　美国弗吉尼亚州布莱克斯堡**

"买本地货"运动在美国方兴未艾。这个运动由布莱克斯堡中心商户和布莱克斯堡农贸市场支持。它们试图引导消费者去本地拥有的商店，去镇中心的市场（而非郊区的全球连锁店）。

### 6.3.1 找到定位

小镇需要吸取教训的是经济发展需要创造一个居民可以实现自己经济和财务需要的环境，但是更为重要的是，它需要建立为居民提供场所和拥有感的经济体系，最终这将导致更高层次的市民参与和社会资本。这种重新定位将有助于替代性经济空间的创造，因为目标和实践将超越经济发展的限制。

以上可以看作是社区和经济发展的资产构建思路，这个思路是由社会学家约翰·克雷兹曼（John Kretzmann）和约翰·麦克奈特（John Mcknight）

在1990年代早期提出的。社区的资产是个人、团体、协会和机构的"天赋、技能、能力"。[128] 对资产的关注改变了传统上对社区需求的关注，通常这些需求总与消极的成见相关，例如饱受犯罪和贫困所困的社区需要外界的帮助。与此相反，基于资产的思路会给社区赋权，因为它承认社区资源才是结构改变和赋权的基础。通常情况下，规划师与社区一起参与到资产地图的绘制过程中，用以分析社区的能力（图152）。经济资产由社区成员的各种能力所界定，这些能力包括工作经验、技能、创业能力、文化和创意资产、消费行为、未开发的需求和供给潜力，

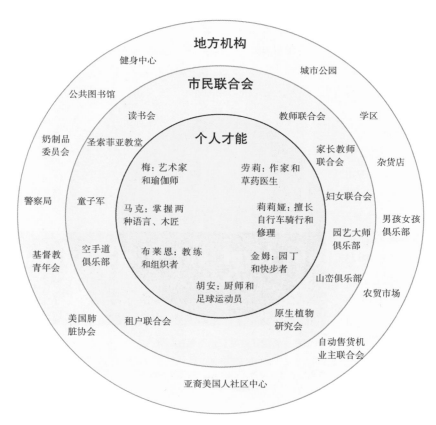

图 152　资产地图

资产构建的方法是可持续社区和经济发展的重要因素。社区可以使它们的能力可视化，于是加利福尼亚的合作规划研究中心创作了这个图示。在圆圈的中心是个人的才能，例如职业技能或技巧。第二个圈列出了现有的市政机构，例如本地俱乐部和联合会。第三圈描述了一些地方机构，例如公共机关、学校和零售组织等。像这样的地图可以描绘资产的财富，更好地理解社区。

还有目标市场。小镇会考虑经济发展的资产构建思路，因为这一思路可以让它们关注自己的内生能力。

最后，小镇要寻找它们的"独特卖点"，营销它们的独特点以吸引外来投资，但是同时也要加强和建立它们的传统、认同和文化。[129] 然而，营销小镇的独特性可能会带来小镇资产商品化的威胁，同时，小镇还可能会陷入企图模仿它们更大同伴的陷阱。贝尔和杰恩说道，"面对全球大都市支配全球资本、文化和人才的"大"，以及农村的开放，小镇面临着定义和再定义的问题，纠结于长大还是维持小"。[130] 所以，小镇的任务就是要找到一个完美的平衡，既撬动和营销独特的资产，也保存和保护资产免于改变和变成可交易的商品。

## 6.3.2 介入更广的网络

在小镇创造替代性经济空间并不容易，面临不少挑战。小镇最大的障碍是它们有限的经济能力，小镇的经济（特别是已经破败的，已经经历过严重经济衰退的小镇）可能没有足够的消费需求以建立起自给自足的替代性经济，如此一来，地方经济的扩张即便不是不可能，也将非常困难。

成功和可持续的小镇（如慢城运动中那些）经济繁荣来源于它们与外界市场的联系。游客访问这些城镇，并在那里消费（图 153 ~ 图 155）。小镇的经济专注于特定产品（常常是支柱型产品），这些产品可能会出口，随即帮助本地商店在更大的地理尺度上参与竞争。讽刺的是，与外界经济（例如全球经济）的联系对维持小镇的经济能力非常重要，为了避免所谓贫民经济的产生，小镇需要接入"更宽广、

非本地的网络和市场"。[131] 但是这并不意味着小镇经济一定要模仿全球的流行趋势而丧失它们对自己的认同，源自全球化的同质化可能会让小镇因为保持特别而实现经济成功。为了达到这一平衡，小镇需要采取可持续的经济发展战略，培养地方企业创新，培育地方经济，发展社会和人力资源。

图 153 意大利托蒂

很多小镇的秘密和历史传奇吸引了游客和一日游游人。这对维持本地经济非常重要。

图 154 克罗地亚赫瓦尔（Hvar）

图 155 法国旺斯（Vence）

## 6.4 小型企业发展

企业发展是小镇经济发展战略的核心，因为小镇的中小型企业可以比大企业通过更多的方式从公共政策中获益。应该有行动来鼓励创立新企业，维持和扩张已有的企业，在社区内增强创新和创业精神。小型企业和企业家对于小镇的成功非常重要（图156～图160），在美国，99%的企业是小型企业，平均每个企业雇佣10个人，美国的2300万个小型企业创造了全美54%的销售额，提供了55%的就业机会。这些小型企业对于整个国家的经济成功已显得至关重要，同时自雇的人数也在上升。

小型企业对欧洲经济的重要性也是类似的。超过99%的欧洲企业是中小型企业（50名雇员以下的企业），90%的中小企业雇员少于10名，平均雇员人数才5名。这些微型企业创造了欧洲超过50%的就业机会。[132] 小型企业有像屠夫、木匠、面包师等的手工业，也有提供信息技术和私人服务的公司。由于它们较小的规模和有限的资源，这些企业面临着不少问题，它们找不到足够的财政资源、有技术的员工、克服官僚障碍的途径以及可以进入的市场。正因为这些挑战，经济发展决策者们需要重视这些类型的企业。

### 6.4.1 "经济园艺"

在小镇创造和留住小型企业有很多令人兴奋的方法。全世界的小镇领导人和经济发展决策者越来越认识到，昂贵的激励和税收减免并不总是奏效，他们必须重新调整实践的方向，培育地方所有和经营的企业。在美国，有些州和小镇采用了"经济园艺"的方法用以发展企业，"经济园艺"致力于发展社区内的企业，而不是试图从外面吸引企业。像科罗拉多州的利特尔顿镇（Littleton）这样的城镇已经放弃在招商战略上花费公共资源，取而代之的是，该镇的经济发展决策者致力于创造合适的基础设施和创业环境，并为企业提供重要的市场信息。"经济园艺"似乎是一个很有前途的新做法，采用这种方法的小镇正在迅速增长。

**图156 德国乌特克鲁巴赫（Vnterkrumbach）**

赫维希·丹策尔（Herwig Danzer）是本地家具工作坊的创始人。他的业务主要在本地——这个临近赫尔斯布鲁克的小镇。他的工作坊使用的木材来源于这个地区——人们称之为福兰卡布（Frankalb），制作定制的家具和厨房橱柜。这个生意按照可持续的理念，雇佣了17个工人。赫维希·丹策尔对于赫尔斯布鲁克申请成为德国第一个慢城很有帮助。

**图 157　挪威索肯达尔**

索肯达尔是个偏远小镇，人口数仅为 3286 人。在这样的环境下，杂货店是重要的社会资源，对于小镇的经济发展也很重要。

**图 158　德国赫尔斯布鲁克**

这是一间修鞋店。像这样的小生意通常位于小镇中心，由本地家庭经营，由本地的顾客支持。这些商店可以增加小镇的活力。

图 159　挪威索肯达尔

在很多小镇，小店铺往往有两个作用。这个店铺既是咖啡馆又是五金店。

图 160　德国斯本拉德（Seppenrade）

这个本地的家庭经营面包店已经经营了 5 代人。这家店已经把生意扩展到旁边的小镇——吕丁格豪森（2007 年起为慢城成员），于是该店有了两个门店。这个面包店制作和销售一种叫做彭珀尼克（Pumpernickel）的传统黑面包。豪特曼（Holtermann）家庭使用的传统配方，是蒙斯特兰（Münsterland）地区所特有的。该店不使用工业生产的混合好的配料来制作面包，而只使用传统的和缓慢的烘烤方法。

## 美国科罗拉多州利特尔顿镇

利特尔顿镇距离丹佛市中心约 16 公里。该镇现在是郊区小镇，但是在19世纪晚期它是因农业和铁路而兴起的城镇。该镇位于 85 号公路沿线，有 41000 名居民，2007 年《金钱杂志》将该镇列为 100 个最佳居住地之一。利特尔顿镇兴起于 19 世纪晚期的淘金热。旁边的丹佛市因淘金者、商人和农夫的涌入而发展，理查德·苏利文·利特尔（Richard Sullivan Little）从东海岸来到此地帮助设计和建设水利系统，为当地没有经验的农夫灌溉落基山脚下干涸的土地。利特尔获得了一片土地，并最终与他的妻子在此定居，后来这里就叫做利特尔顿。该镇成立于 1872 年，利特尔一家将他们的产业进一步划分，与此同时，铁路通到了科罗拉多，利特尔顿镇因此开始快速成长。1890 年通过 245 名居民的投票，该镇合并了其他周边地区。

自此，利特尔顿镇繁荣发展，成为县政府的所在地，农业和制造业都发展起来了。20 世纪，该镇的发展受益于蓬勃发展的航天和电子产业（科罗拉多和亚利桑那等州受到了影响），该镇毗邻丹佛的区位以及军事工业的发展使其处于有利的经济地位。但是好景不长，1980 年代后期科罗拉多州经历了严重的经济萧条，在利特尔顿镇，航天制造商马丁·马里埃塔（Martin

图 161　利特尔顿镇中心

Marietta，该镇最大的雇主）解雇了好几千名员工，由此，城市领导者和经济发展决策者开始重新思考他们的经济发展战略，发展出了名为"经济园艺"的方法。作为经济发展战略的"经济园艺"致力于通过支持创业者和小型企业来从内部发展经济。1989 年该镇开始采用该战略，不再花费大量时间和公共资源从外部招商，而是识别和培育有发展前途的小型企业和创业型企业。经济发展决策者提供合适的基础设施和社区资源（不仅是砖块和灰泥，而且包括教育、文化设施等软资源）。该镇经济发展决策者还扮演了"红娘"的角色，他们加强了企业主和其他社区组织（商会、学术机构等）之间的互动和交流。除了基础设施和联系，政策制定者还确保小型企业可以接触到关于客户、竞争者和目标市场等的信息和竞争情报，信息的提供对于小型企业尤其重要，因为它们往往

1990 ~ 2005 年工薪就业变化（%）　表 6.2

| | 科罗拉多利特尔顿镇 | 丹佛都市区 | 科罗拉多 | 美国 |
| --- | --- | --- | --- | --- |
| 1990 ~ 2005 年 | 135.3 | 64.2 | 47.2 | 21.4 |
| 2000 ~ 2005 年 | 35.0 | -2.6 | 1.2 | 1.5 |

数据来源：Small Business Administration (2006), p. 174. The Small Business Economy: 2006. Retrieved April 22, 2007, from http://www.sba.gov/advo/research/sb_econ2006.pdf

**图 162　美国科罗拉多州利特尔顿镇**

利特尔顿镇位于丹佛都市区（科罗拉多州最大的都市区）的边缘。该镇曾经因铁路而繁荣，现在因丹佛的外溢效应而获益。当地的经济发展决策者发明了新的经济发展方法叫做"经济园艺"。

没有足够资源获得对它们的成长至关重要的信息。

从"追逐烟囱"到"经济园艺"给利特尔顿带来了什么？事实证明，放弃"追逐烟囱"，而将公共资源投资到"经济园艺"上，是值得的。从该项目开始至今，该镇的就业人数已经翻番，从 15000 人发展到 35000 人。当然这些可能也与丹佛大都市区的快速发展、外溢以及该县知识经济的发展有关。

但是，内生发展的企业发展策略已经赢得（尤其是地方企业的）信任，好几次政治家试图减少经济园艺项目时，本地企业家都力挺该项目。利特尔顿的新战略还支撑了已经存在的小镇创业精神和文化，这些对于社区的生存和成功是非常重要的。

"经济园艺"方法正在全美流行，正在成长。全国的"经济园艺"实践者每年都会开会，并通过电子邮件进行联系。这个方法尤其适用于小镇，因为小镇没有资源去进行企业补贴的高成本博弈。同时，像利特尔顿镇这样的小镇也有创业者需要从公共部门获得支持以开始他们自己的事业。

**图 163　美国科罗拉多州利特尔顿镇**

JaJa Bistro 是一个酒吧和餐厅。利特尔顿镇的经济园艺项目帮助来自法国的店主不仅开了这家餐厅，还帮他开了一家销售来自法国的衣服和玻璃器皿的商店——Ambiance Provence。经济园艺项目为商业发展提供服务，比如向热爱法国文化的人推销，以及设立网站。这张照片是市政厅成员和其他市中心商户参加开业典礼。

**图 164　新西兰马塔卡纳（Matakana）**

合作销售运动源于 19 世纪中期的英国，如今已经遍及全球，在很多小社区中它是重要的社区非盈利企业。

## 6.4.2　社区所有权

　　小镇经济发展另一个有前途的实践是建立社区自有的企业。就是说，通过社区所有权来创立小型企业。地方所有权把控制权和收入留在了镇里，还可以通过在本地商店消费等方式来建立居民忠诚度。有很多社区拥有商店的例子，这些小镇由于太小或者太过偏僻无法吸引和留住国家级的零售商店（图 164）。

　　美国的一些小镇有了创新的模式，不仅可以把零售服务留在社区内，还可以让企业更好地服务社区。在距离黄石国家公园东北 160 公里的小镇，当地居民决定通过开设社区所有服装店的方式来让他们的镇中心经济更有活力，这一发展的导火索是 32 公里外沃尔玛大卖场的开设。鲍威尔商店（图165）于 2002 年开业，像是小镇的百货商店，该店通过社区股份获得资金，每股 500 美元本地居民，每人最多买 20 股。向社区成员卖股份确保了他们的拥有感和忠诚度，因为，股份持有者越多，商店就有越多顾客。这还可以让盈利留在社区内，2007 年麦克本（Mckibben）报告说，投资者们每股 500 美元的股票收到了 7% 的收益，鲍

**图 165　美国怀俄明州鲍威尔（Powell）**

这个社区拥有的商店代替了之前关闭了的连锁商店。鲍威尔的 5370 名居民本来需要驾车去很远的商店，但是积有居民决定要"主动出击"开一家自己的店。鲍威尔商店位于主街，是富有活力的镇中心的一部分。

威尔商店成为镇中心再开发的锚项目和催化剂。由于该店的持续经营，其他商店也在主街上开业。类似的社区所有商店也在内华达和蒙大拿州的小镇开业。基于社区的管理可以对企业以及购买等商业操作获得更大控制，可以让基于社区企业的服务更加贴近社区的需求。

### 6.4.3　替代财务

小型的和地方所有的企业只有在拥有合理的融资时才能生存。有些创新性的项目提供启动借贷和财政资源让社区得以支持创业。例如，北加利福尼亚借贷基金为落后地区和农村地区的社区中涌现的企业提供小额信贷，这个基金是社区发展财务机构（CDFIs）中的一员。社区发展财务机构总部设在华盛顿特区，据称全美有 1000 多个该机构的成员。这些机构为社区和团体提供信用担保，而这些社区和团体以往很难从主流机构获取财务帮助。

类似的以社区为依托的财务机构在农村和小镇社区发挥了重要作用。例如，Craft3（曾经叫做"企业卡斯卡底"，Enterprise Cascadia）为美国西北部地区的自然资源依赖型社区提供财务资源。Craft3 遵循三个底线，关注苦苦挣扎的社区中的经济、社区和环境问题。这个团体旨在支持"为社区提供繁荣和生态健康的新产业、市政和保护策略"。[133] 该组织宣称，银行已经投资了 2000 万美元给 200 个追求经济安全和生态健康的企业及社会、市政团体。这个组织的创始成员——肖坂银行公司（Shore Bank）对投资困难社区有很多经验，因为该银行在芝加哥南区（该市最贫困社区）的重建中发挥了作用。

一个被 Craft3 称之为"三底线交易"

的项目是浅水湾健康中心（图 166）。该中心位于托克兰（Tokeland）的浅水湾保留地，是华盛顿州第三小的，也是最偏远的部落。在这个中心建成前，该地区的部落成员看病需要开车单程 80 英里前往另一个部落。现在该中心就坐落在社区的中心，提供医疗、牙科、药物和酒精方面的咨询，还有精神科的健康服务。这个项目有特别的设计——停车场收集屋顶上流下来的雨水，并导入种有地方植物的生态调节沟。银行在这个项目上投入了 157 万美元。这笔信贷有不少产出——增加了就业（该中心就增加了 30 个岗位）、从污流中分流出的水（每年 340000 加仑）、对少数民族企业家的支持、对低收入家庭的帮助（600 个家庭）、让本地人保持了对土地的所有权（价值 2.51 亿美元）。

**图 166　美国华盛顿州托克兰**

浅水湾健康中心于 2005 年开放，为华盛顿州第三小的和最偏远的部落提供重要的医疗服务。该中心开放前，部落成员和小镇居民需要开车单程 80 英里去最近的诊所。1992 年，因过高的婴儿死亡率，该部落提出了健康急救请求。这个中心采用了可持续的建筑技术，创造了 30 个就业岗位。

## 6.5 场所经济

小镇必须要培养场所经济，或者说，小镇需要留意商业行为塑造场所的作用。例如，土地和房屋的所有权对于可持续的小镇经济发展很重要，所有权可以让业主避免无法预计的财务危机，例如因发展和缙绅化造成的租金急剧上升。小镇的经济发展决策者必须留意小镇中心、商业街（走廊）的健康和活力（图167），因为小镇通常与其农业腹地有密切的联系，小型的、地方所有的农场对于区域经济的健康很重要，美国关于地方经济健康活力的一些项目可以给世界上其他区域提供一些有趣的经验教训。

有个项目叫做"主街项目"，主要通过历史保护、城市设计和商业发展来建立可行的镇中心经济。历史保护国家基金会（美国的非营利会员协会）负责国家基金主街中心（National Trust main Street Center）计划的运行。自1970年代起，该中心为有志于维持和发展主街的小镇提供技术支持和研究，该中心将历史保护和商业发展联系起来，给想加入"主街"社区的小镇颁发认证证书。这个项目对小镇的成功再开发发挥了重要作用，小镇和镇中心只有给居民、游客和购物提供者独特环境才可能成功，这种独特环境要通过提供小型零售专门商店（可以与位于郊区的国家级连锁商业竞争）来创造，传统、历史保护、有文化、独特的环境、特别的建筑也可以提升镇中心的使用和活力。小镇需要扩大与中心城市的差异性，[134] 为了实现这样的地方营造，物质环境的再开发必须要有上述的创业和商业发展的配合。小镇不仅要在它们的核心创造场所经济，而且要结合它们与农业腹地的联系来打造，"社区支持农业"和其他项目旨在联系农产品的生产者和消费者，让小镇复兴它们与农业腹地紧密相连的传统。在美国，"社区支持农业"近年刚刚兴起，这个运动背后的想法是让个人通过购买先期股份来支持小型农场。例如，一个参与者可以在播种季节开始时支付500美元给"社区支持农业"项目中的小农场，作为回报，在农场的收获季节，参与者通常每周可以收到一定量农场生产的农产品。这个目标就是通过农场预售农产品的股份来联系消费者，这种支持可以让农夫在农忙之前就能获得工作的资本，消费者也会与食物的生产产生更多联系，因为每周送来的农产品有它们的节奏和季节性。"社区支持农业"农场是相对创新的商业模式，刚推行了5年，这些农场由平均年龄43.7岁（相对年轻的）的农夫运营。"社区支持农业"支持的农场联系了农业腹地和小镇，也鼓励了年轻一代从事农业生产。进一步，"社区支持农业"股份给了农夫工作资本，为他们提供了必要的运营资金。

可持续小镇经济需要创造经济可行、地方所有的生意和场所，从而为业主提供联系消费者的机会。通过地方所有权和重要的场所经济，小镇可以发展出对抗全球化、工业衰退和重构等压力的适应性。市场学者丹尼斯·龙迪内利（Dennis Rondinelli）在描述墨西哥瓦哈卡镇（Oaxaca）当地市场时强调：

"瓦哈卡镇的市场出售农产品、牲畜，纤维和柴火等非农产品、陶瓷、篮子、垫子等手工艺品，还有家庭和农业使用的工具。大量的人口通过市场

图 167　美国弗吉尼亚州斯汤顿

在美国，主街在开发是一个重要的规划课题。国家主街信托中心支持像斯汤顿这样的小镇成功地维持了小镇的活力。这个项目主要针对立面整饰、街道美化，也针对营销和商务发展。

行为直接或间接地实现了就业，如木匠、石匠、游医、屠夫、铁匠、小件售卖、婚礼安排、机械师、种子和设备的出售者等。市场为农夫出售农产品提供了机会，也为中间商参与贸易提供了机会。瓦哈卡镇支持商贩在市场购买和再出售产品，商贩在小型农村市场收购产品到瓦哈卡镇市场出售，也有商贩在市场上购买产品再去城市门到门的推销。农村的来访者有机会在市场边缘的商店购物，拜访医生、牙医、律师和放贷者。批发商在瓦哈卡镇市场收购少量的本地产品，把它们打包出售给大城市的零售商，并从大城市购买小批量的产品带回瓦哈卡镇。市场的就业网络就此延伸到现场买手、代理人、卡车司机和搬运工"。[135]

龙迪内利对瓦哈卡镇的公共市场重要性的描述呼应了简·雅各布斯对城市经济的见解：小镇和城市是"主要的经济器官"，也是农村和农业生产的主要驱动力。[136] 这段摘录也反映了小镇是如何根植于更大范围的城市系统中，小镇经济需要充分利用与外部市场的联系，避免封闭在它们自身的经济系统中，在保护地方特色和认同与全球经济联系带来影响力之间，小镇需要找到一种平衡。

**图 168　意大利基亚文纳**
裴斯塔洛齐广场上欢乐的气氛。

# 7

## 欢聚、好客和地方特产

常见的行为就是聚餐时的愉悦，食材、准备和最终上桌食物都是高度相关的。出于可持续的目的，食物的生产和消费需要与某个镇的特别场所背景有关，因此，通过欢聚和好客来培育社会关系的努力需要对食物和其他产品的生产和消费之间的关键联系保持敏感。这样一来，小镇不仅提高了它们的民主能力，而且增强了它们的经济能力。

### 7.1 欢聚

"欢聚"的概念描绘的是人们互动的方式，通常与社会关系的描述中"幸福"的表述有关，如与朋友愉快地吃饭喝酒、亲密、狂欢、陪伴。小镇是可以提供各种欢聚的地方。在公共领域，可以是街角的酒吧；邻居们可以聚在院子里交换一天的故事；年轻人放学后在镇上的广场玩；在街头的咖啡馆里人们喝着一杯好咖啡享受互相陪伴的时光。同样，欢聚也可以体现在私人领域中。例如，家庭成员在家一起吃饭的餐桌就是一个欢聚的场所。这些欢聚的场所聚拢人们，联系彼此，借此，人们可以建立社会关系，进而鼓励社区行动、创造社区层面的社会能力。

哲学家麦克·波兰尼（Michael Polanyi）在他 1958 年出版的《个人知识：走向后批判哲学》一书中，强调"欢聚"的概念是一种隐性知识的重要形式。他指的是欢聚的情感视角以及通过"欢聚实践"来转化社区存在、传统和文化的知识的能力。对于他而言，"欢聚"满足了人们之间建立情感联系的个体需要，用以克服个人主义的敌意。波兰尼形容交谈是如何成为欢聚的工具："互相问候和日常交谈是伙伴关系结合的体现，通过接触彼此

小镇的活力依赖于由本地居民形成的社会关系，也依赖于地方对新人和外来者的欢迎程度。在小型社区中，社会联系对于集体行为和民主而言是重要基础，它们通过欢聚、好客的行为和仪式培养出来。这些仪式确保了地方历史和传统的传承，建立了社区的社会能力。这样，社区可以在全球城市系统中，凸显自己的特色，找到自己的位置。小镇在培育社会联系方面的地位很特别：它们的尺度可以让人们融入更加密切的互动，在保持异质化和多样性的同时结成关系网和相互联系，而这种异质化和多样性对保持想法和关系网的新鲜是很有必要的。但是，互动的密度也会变得有压力，会产生这样的危险：社会关系网和相互联系的力量可能会对社区有负面影响。不过不像它们的邻居（大都市、农村），小镇的大小正好，足以平衡社会关系的正面和负面影响。

欢聚和好客是通过仪式和日常行为表现出来的（图 169 ~ 图 171），最为

和互相交换故事，每一次结合都使人欢乐"。[137]

创造伙伴关系和分享需要一个场所来促进类似的活动，这也需要时间和对分享实践的付出。波兰尼强调欢聚对于保持团队认同和肯定的重要性，激情和伙伴关系可以鼓励人们在社区中获得认同，随之培养他们参与社区事务的积极性。波兰尼描述，"合作活动中的分享"可以表达为仪式和一般行为，这些仪式可以是镇的节日、体育活动、探亲和季节性活动（如每年的收获节日）。波兰尼说道，"全面参与某个仪式，团队成员可以确认他们在社区中的存在，同时也联系了他们团队的生活与他们祖先的生活（仪式正是从祖先那里继承而来的）"[138]。

社区存在的认可确保了它本身的延续性，这对于正在成长和衰落的小镇尤其重要。因为如果小镇不能提供或者缺少就业机会，它们就很难留住居民（特别是年轻人），这样，小镇就会丧失潜在的重要社区成员，原本这些人可以在仪式和活动中发挥重要作用的。重要记忆逐渐流失，因为浸淫在古老传统中长大的人们正在离开。另一类型的小镇是那些发展太快的，也会受到"失忆"威胁，因为新移民可能不熟悉本地或者也不愿意参与到愉快的仪式和活动中。

也有人从个人的角度以及现代社会强加的限制基础上来定义欢聚，以及定义通过现代社会强加在快乐之上的限制。例如，奥地利哲学家伊凡·林奇（Ivan Illich）认为"欢聚是通过个人自由意识到个人之间的相互依赖，并以此为本质的伦理价值"。[139] 他批评现代性和制度化、专家化的知识，他认为有必要让个人拥有创造新意义的机会。

在完成这个任务的过程中，社会将重新获得公民的传统和实践知识，把这些知识从专家知识和现代社会的约束中解放出来。他仔细描绘了欢聚社会的特征，称之为"将是社会安排的产物，确保每个成员可以最充分最自由地使用社区的工具，并且只能在为了保证所有成员同样自由的情况下限制这种自由"。[140]

### 7.1.1　对欢聚的威胁

不管我们如何定义欢聚，欢聚这个概念都描绘了人们为何通过社会互动相聚、分享彼此生活。交际和社会关系的构建需要时间。但是，快节奏的现代世界正在威胁我们花时间相聚（通过某些仪式，例如吃饭）、互相联系和分享的能力。2007 年，《华盛顿邮报》报道，以"边走边吃"为宣传点的食物数量从 2001 年的 134 种，增加到了大约 500 种。[141] 食品公司要满足顾客对方便的渴望，酸奶可以边走边喝，糖块尺寸小了一半方便人们在忙的时候大把大把地吃。这些方便包装的零食可以让人们在写邮件、开车或者从一个会议赶往另一个会议的途中食用。叫做饮料棒的快速饮品提供独立包装的卡布奇诺饮品，自 2006 年问世以来，逐步开发其他的 100 多种口味。边走边吃的食物从社会和健康方面改变了我们的饮食习惯，研究发现，人们极大地低估了自身对卡路里的摄入，主要是因为正餐之间急着吃下的方便食品没有被计算在内。同时，家庭聚餐既对个人的营养摄入有重要作用，也会实现重要的、积极的社会功能，但近十年来家庭聚餐的频率却逐渐下降。[142] 小镇和社区已经注意到了这种情况。2002 年，新泽西的里兹伍德镇（Ridgewood，人口 25000 人）提出了它的第一个"家庭夜"。那个晚上，学校不布置作业，运动队不训练，这个做法的目的在于为未列入计划的仪式创造时间，如家庭聚餐、玩游戏、交谈。

方便食品的兴起是快餐流行趋势的一部分，但是快餐破坏了小镇强化欢聚的努力。例如，在德国，大约 90%

图 169　意大利克雷莫纳（Cremona）

图 170　德国瓦尔德基尔希

每周的农贸市场成了第三场所，人们相遇和交谈。

图 171　意大利卡斯泰洛城

图172　在路上

快餐厅和便利店代表着快节奏的生活方式。宜家的餐厅是人们吃快餐常去的地方。

的人经常拜访快餐厅，60%的人每个月吃一次快餐。年轻人的发展趋势更加值得警醒，14～30岁的年轻人有四分之一每周吃一次快餐。最流行的是麦当劳、汉堡王和其他小食店，26%的人说他们还喜欢去宜家餐厅（图172），表明这个家具店不仅是个买东西的地方，而且也可以吃东西。近四分之一的德国快餐爱好者知道吃快餐的坏处，但是平均每个消费者每个月会在快餐厅消费22欧元。[143] 这些趋势通过两个方式威胁社区。首先，快餐消费剥夺了吃饭时人们消磨时间和分享的机会。其次，快餐也是大型农业产业综合体的一部分，将消费者剥离出了与本地食物的生产联系。这就是为什么对欢聚的威胁（特别是它们与食物相关）也是对地方经济系统的威胁。

## 7.1.2　多样性对欢聚而言是必须的

不论男女老幼，人们都有欢聚和伙伴关系的需要。并且，促进跨年龄、跨种族的联系是城市主义和小镇活力的重要特征之一。例如，简·雅克布斯提出，城市之所以繁荣是因为城市的多样和异质性可以促进思想和创新的分享。[144] 她还认为，城市需要通过混合使用促进这样的互动，而不是分离的、隔断的使用，当混合使用的能力受到威胁，互动就会消失。与之对应，规划师需要保证每个人都有使用公共空间和进行互动的权利，因为公共空间可以提供不同的体验。与"他人"接触将促进共同的理解，最终为社区的公民能力做出贡献。

不适合社交的人群和反社会群体（如青少年、无家可归者等）的公共空间使用权往往受到威胁。很多地方明确表示，不鼓励青少年在公共空间游荡（图173、图174）。例如，在英国，一些商家使用了制造噪声的设备来阻止青少年在超市和商业综合体前闲逛，这种设备叫做"蚊子"，它发射出的高频超声波只有 25 岁以下的年轻人可以听到。类似地，也会使用古典音乐或者不"酷"的音乐来拒绝年轻人。南威尔士巴里（Barry）小镇的一个超市最早使用了"蚊子"，成功阻止了年轻人在其门口闲逛。在英国，现在大约有 3500 个"蚊子"正在投入使用。据英国广播公司的报道，公共机构也在使用"蚊子"，例如威尔特郡（Wiltshire）的怀温剧院（Wyvern Theatre）使用该设备试图阻止年轻人在其广场上聚集。与此同时，批评家对这些反年轻人设备表示担忧，并呼吁出台禁令。"关掉嗡嗡"运动由英格兰的儿童委员会领导，呼吁关注社会上日益消极的针对年轻人和他们的反社会行为的手段。[145]

只要没有犯罪，在广场上或者商家门前聚集也可以被年轻人当成一种愉快的体验，有助于凝聚力和联系。

以上的例子提出了一些问题：欢聚的空间为谁而创造？欢聚的实践如何影响不同的人群。欢聚是一个很重要的概念，需要在小镇的社区建设过程中重点考虑，因为它会创造一个建立人与人集体行动能力的模型。最理想的状态是，这种社区能力是由广泛的居民所创造，不论年龄和种族。

**图 173　英格兰奇切斯特（Chichester）**

对年轻人反社会行为的广泛担忧促使一些城镇对关键地区采取了特别控制。

**图 174　反社会行为**

在北欧的部分地区，年轻人酗酒是一个长期问题，不仅在市中心，连一些小镇也有。

### 7.1.3 社区和社会资本的作用

欢聚的行为和仪式形成了社会资本和社区凝聚力，小镇对于促进社交网络的形成有特别的作用（图175、图176）。但是，在城市化的背景下，社区和社区建设的概念在过去的城乡二元化中已经讨论过，城市和社会理论家已经注意到了传统农村社会和大都市社区之间的差异。一方面，城市被描述为一个离间空间，人们各自孤立，因为他们的周围都是来去匆匆没有联系的陌生人。另一方面，学者注意到传统农村或者不那么城市化的环境中的社会关系密度，这些环境可以促进社会互动、互惠和团结。在从城市到乡村的过渡中，小镇处于城市离间和农村社会稳定之间的某个位置。这些镇足够小，可以培育密集的社会互动，同时它们又足够大，避免因缺乏多样性和交流而产生的孤立和封闭。例如，慢城运动设定了一个规模的限制，获得认证的城市人口不能超过50000人。通过限制规模和关注小镇，这个运动认识到，如果城市过大，那么社会互动、欢聚行为和慢城运动标准在城市范围内的应用都可能受到威胁。

### 7.1.4 礼俗社会和法理社会

当欧洲因工业化而快速城市化时，城市离间的理论发展起来。欧洲的城市理论家在19世纪后期认为城市的优势在于社会关系，他们通常忽视较小规模的城市，重视大型的正在成长的大都市。社会学家斐迪南·滕尼斯（Ferdinand Tönnies），于1909年与人合作成立了德国社会学会，对礼俗社会（Gemeinschaft）和法理社会（Gesellschaft）进行了区别，并描述了

农村生活的特点是亲密的、相互联系的，而城市生活是更加公共、匿名和瞬息万变的。[146] 礼俗社会大致上可以翻译为"社区"，法理社会是"社会"的意思。为了更好地描述滕尼斯的想法，社会学家威廉·弗拉纳根（William Flanagan）写道："农村与团结的感情兼容，它稳定、尺度小，其中的关系网随着时间而成熟。但是城市引入了社会阶级，产生了资本和劳工之间的利益冲突，有"敌对"的特征，也没有对家庭的天然需要和场所"。[147]

滕尼斯出版《礼俗社会和法理社会》几十年后，路易斯·沃斯（Louis Wirth）在他1938年发表的论文《作为生活方式的城市主义》中讨论了大都市的生活。他从小在德国的小镇长大，后来移居美国，在芝加哥学习和教书。沃斯批评了城市生活，描述了城市生活是如何破坏人与人之间的基本关系的。滕尼斯和沃斯都算是反城市的，因为他们描绘的城市社会关系的未来是灰暗的。但是，在他们写作的时候，城市正在高速成长；结果公共卫生以及日益扩大的贫富差距成为争议的焦点。因此城市发展的现实引发了关于乡村的浪漫想像：村庄和小镇有更丰富的社会关系，因此能提供高质量的生活。这些社会学家写作时并未关注小镇，他们主要关注从工业化中获益的快速成长的城市。正如刚才提及的，小镇（特别是欧洲的）通常不受关注，所以无需与当年曼彻斯特、伯明翰、伦敦出现的混乱的社会秩序斗争。

沃斯的文章识别出了成长中的大都市的三个城市性特征，分别是规模、密度和异质性。[148] 他认为，城市的规模决定了社会关系的力度和质量。城市越大，社会互动就越浅越短暂，人

图 175　意大利曼图亚（Mantua）

天气好的时候，广场周围的咖啡店是很受欢迎的去处。

图 176　社区和欢聚

在中南欧的小镇，街道和广场有特别的节奏。早上 10 点到中午，街上满是购物者。午饭的时候，顿时安静了。到了下午 4、5 点城市开始热闹起来，人们开始出来散步，在餐厅和咖啡馆就餐（图为瑞士贝林佐纳）。

们就越依赖所谓的次要关系（相对应的是主要关系，如家庭联系）。虽然浅薄的关系可能对人与人之间的交际产生负面影响，但同时也可以使他们免于互相控制和社会压力。我们常常认为，小镇是精致又怀旧的地方，我们都愿意住在那里，但是小镇的小也会让个人付出代价（如果社会约束太过强烈的话）。沃斯说的第二个特征是密度——许多不同人的聚集以及随之而来的竞争、专业化过程和劳动分工。异质性是沃斯描述的城市性的第三个特征，是指城市居民与很多不同类型的人打交道，这些人有不同的利益和偏好。但是，沃斯眼中的异质性与简·雅克布斯说的不同，简·雅克布斯认为异质性和多样性是城市进步和创新的必要元素，而沃斯则认为人们会因城市的异质性而变得疏远。

### 7.1.5　但是，社区依然存在

"城市使人们疏远了自我，也疏远了彼此"衍生出了一个观点：随着城市的发展，社区会消失，这是"社区消失派"的观点。[149] 但是大量的研究却显示，在城市中社区和凝聚力仍然存在，社会联系仍然很强（特别是在某些特定族裔和邻里团体内）。社会学家威廉·福特·怀特（William Foote Whyte）在1940年代他的《街角社会》一书中研究了一个波士顿邻里，他发现，尽管社区可能在外部的观察者眼中有点乱，但是它却表现了很强烈的归属感和凝聚力。1960年代，赫伯特·甘斯（Herbert Gans）的《城市村民》也描述了波士顿社区（西区）抵御外来威胁的方式。以上的社区研究表明，即使在大城市中血缘和社会联系依然存在，这些研究被称为"社区存在派"。今天，人们生活在多样化的空间中，不仅在特定的邻里，而且在特定的社会经济团体和社区内。一个人可能在市中心上班，在那里有朋友和同事网；但是住在郊区，属于另一个地方的社区邻里。这是社区的第三种类型，常叫做"社区自由"，该派的思想认为一个人的社区

图 177　意大利托蒂

城市不仅有建成环境的特色，还有社会和人口方面的特征。城市的独特性在于它们的异质性、与不同类型人群互动和交流的能力。几代人都能在城里怡然自得。他们需要社会交往和快乐的空间。这些老年人聚集在长椅上，享受快乐的时光。

联系可以不受任何空间限制。

## 7.1.6　小镇社会资本

小镇既不是城市离间的典型，也不是浪漫乡村传统生活的典型。小镇通常有传统的社区感和凝聚力，但是，以上很容易遭到破坏，如果该镇的主导产业正在裁员，人们被迫离开，或者如果该镇经历了史无前例的增长和人口迁入。小镇也需要留意，社区凝聚力可能会对发展有负面影响，因为当社区形成，凝聚力越来越强，他们就会拒绝外来思想，拒绝新来者的加入，而新思想和外来影响对于小镇的生存非常重要。

很多小镇正在致力于社区建设和社会资本的创造。关于社会资本论述最重要的学者——罗伯特·普南（Robert Putnam）将社会资本定义为"个人之间的联系（社会网络、互动的惯例、彼此的信任）"。[150] 如同人力资本（技能）或财务资本（钱），社会资本代表着个人和社区可以取得的资源，在社区层面，社会资本可以促进集体行动。一个社区拥有的社会资本越多，它就越经得起变化，越有弹性。通过欢聚行动和仪式形成的个人联系组成了社会关系网，小镇的居民可以使用这个关系网。这个关系网包括两个不同类型：桥接和结合社会资本。[151] 结合社会资本联系有共同爱好的个人（编织小组、年轻人的小圈子、读书俱乐部等），而桥接社会资本（跨社区团体的联系，甚至社区之间的联系）让不同社会经济背景的人互相联系。后者跟"弱联系的力量" [由社会学家马克·格兰诺维特（Mark Granovetter）提出] 的概念有关。他归纳了人与人之间的弱联系概念，该联系是可以帮助个人成长

的工具性联系。小镇的社区需要通过与其他镇的联系发展桥接资本，这些关系网将促进信息交换，桥接网可以带来新想法，让小镇保持新鲜。同时，社区需要发展结合网，因为它可以提升社区凝聚力，促进认同形成和肯定。

小镇社区需要寻求结合和桥接社会资本之间的正确平衡。在两种资本都缺乏的社区，不公平问题不会得到解决，因为社区缺乏实现改变的能力。如果一个社区结合资本很强，而桥接资本较弱，那么社区可能会抗拒改变，而产生"封闭"，这样的社区可能也会经历内斗，因为内部不同的团体之间可能互不信任。如果桥接资本很强，而结合资本较弱，那么社区会面临失去对自己命运掌控的危险，因为外界的力量影响社区的生存。那些产业由外来公司控制的小镇就会是这样的情况。理想的情况 [如乡村社会学家康耐利·巴特勒·佛罗拉（Cornelia Butler Flora）和简·佛罗拉（Jan Flora）形容的那样 ] 是社区拥有的结合资本和桥接资本都很强。[152] 在这样的社区中，健康的社会关系得到发展，同时与外界的关系网确保了新思想和资源的引入。两位佛罗拉建议，小镇和农村社区要努力增加结合和桥接资本以发展所谓的"创业社会基础设施"。[153]

## 德国赫尔斯布鲁克

赫尔斯布鲁克于 2001 年 5 月成为德国的第一个慢城。该镇位于纽伦堡以东 30 公里，拥有约 12500 位居民。[154]赫尔斯布鲁克在 8 到 9 世纪时是一个小村子，该镇在中世纪曾是从布拉格到纽伦堡商路的中点。赫尔斯布鲁克展现了很高的结合和桥接资本，它的创业社会基础设施已经在极富创新的小镇项目上发挥作用，例如对传统放牧地的保护、农场—餐厅项目、儿童烹饪学校等。

赫尔斯布鲁克本地的环境组织已经与农夫、城市政府、小企业形成了很强的合作关系（桥接网），以保护传统的放牧地和果园。这个保护项目也与区域和社区的经济发展项目相连，为本地居民创造增收机会。城市拥有的放牧地传统上由牧人使用，这些牧人由城市政府雇佣并支付薪水，他们也帮当地居民放牧牛群。这些放牧地位于城市边缘和农业区之间，为城市的临近地区提供了开敞空间。牧场景观成为社区的标志性景观，并有多种用途：高大的橡树和各种果树不仅为牛群提供树荫和为野生动物营造生活环境，而且果实可以在收获季节拍卖给当地人。乔木和灌木可以为鸟、昆虫和其他野生动物提供栖息场所，直到 1960 年代后期 1970 年代早期，赫尔斯布鲁克的牧场仍在使用。但是，自那以后，食品生产的工业化以及对谷仓更有效率的使用（牛群常年圈养在里面）结束了将牛群带去公共牧场的传统，牧人被遗忘，失去了生活来源，一些牧场甚至变成了垃圾填埋场，或者住房和工业用途。结果，不仅开敞空间没有了，而且也失去了土地传统使用的知识、独一无二传承下来的果树，以

图 178 赫尔斯布鲁克镇中心

图 179 赫尔斯布鲁克

图 180 赫尔斯布鲁克

像赫尔斯布鲁克这样的典型巴伐利亚小镇的特点是中心市场广场尽头坐落的市政厅。密集的建筑围合成了广场，现今的功能是商店和公寓。赫尔斯布鲁克的（Oberer）市场是该镇的心脏。

及更为重要的，土地保护和利用（牛群和果树，也是本地居民的经济发展机会）之间的联系。

一个本地环境团体在 1980 年代早期留意到牧场的衰落，现在该团体已经成为该镇慢城建设的重要合作伙伴。这个团体复兴和保护牧场的战略与推动和增强地方经济的目标密切相关。例如，他们建立了地方农夫网，在这个合作网中，农夫们直接销售农场生产的产品，1998 年，这个团体组织了第一个区域性的地方产品交易会（类似古斯托的慢食沙龙）。自此，这样的交易会由该镇的不同村庄轮流组织，每年举行一次，用以展示地方企业家和企业的产品。

还有一个项目是关于传统苹果树保护的。这个项目的目标是利用本地果园和牧场里的苹果树生产和销售有机苹果汁。第三个项目旨在联系文化景观和社区经济发展，他们计划通过餐厅的区域特色菜肴来推动本地农产品。29 个农夫和 17 个餐厅形成了一个供应商和美食生产者团体，农夫给餐厅提供时令农产品；餐厅设有特别菜单，为消费者的利益考虑特别标明农产品提供者的姓名和产地。这个项目叫做"盘中的家乡"。与这个项目类似的是关于食物和味道的儿童教育，孩子们参加为期两年的地方烹饪学校，学习如何准备食物和上菜。通过这个方法，赫尔斯布鲁克确保下一代充分了解地方传统以及食物供应与地方和区域的关系。这个项目可能已经起到了作用，因为一些参加过的孩子已经对午餐的速冻披萨皱起了鼻子。

第四个项目旨在联系环境和地方经济，它源于一个关注地方树林利用的团体。这个团体宣传推动地方树种的

**图 181 赫尔斯布鲁克**

彼得·鲍尔是鲍尔咖啡店（一家本地宾馆和餐厅）的主厨。他的餐厅参与了旨在联系本地农夫和餐厅的"盘中的家乡"项目。这个宾馆为了接待易过敏的客人进行了大规模的改建。彼得·鲍尔和本地的赫维格·丹泽家具店签订了购买家具的合同。通过与本地的商家和农夫的合作，鲍尔咖啡店成为地方经济的重要组成部分。

利用，例如替代性的能源生产（用在木柴供暖系统中）、房屋建造和家具。有一个餐厅和酒店拥有者已经与当地家具制造商签订合同，计划用当地木材制造的家具装饰酒店房间。

总的来说，以上的例子显示联系小镇变化媒介（agents of charge）的努力也改善了地方经济。此外，通过成为国际慢城的一员，赫尔斯布鲁克有能力创造桥接网，并向世界其他小镇学习最好的实践和案例。赫尔斯布鲁克的慢城努力表明，城市可以将可持续发展的 3E 联系起来，关注地方历史、文化，联系环境保护和社区经济发展。而且，这个项目告诉我们，一个镇可以通过复兴和保护地方传统的"向前看"方式建立地方的独特性。

## 7.2　好客

　　"好客"的概念与"欢聚"紧密相关。小镇需要对自己的居民，甚至外来者好客。它们必须展现慷慨和热烈的欢迎，为来宾和居民提供愉悦的环境。旅游业通常与好客相连，因此小镇采取了提高来访者数量的策略。可持续旅游策略包括小镇的地理和文化方面，在美国的弗吉尼亚州，一些小镇组织起来，成立了"弯曲的公路：弗吉尼亚传统音乐之路"。250英里公路沿线的3个城市和10个小镇强调了它们的音乐传统，希望吸引游客到阿巴拉契亚山地区（图182）。在欧洲，农村地区的农场和小镇开始出租房间给游客，这个想法叫"观光农业"（图183）或者"观光农场"，承诺可以给农夫带来额外收入来提振地方经济。但是旅游发展也是双刃剑。一方面，旅游可以给小镇带来新发展，但是它也会提高低收入服务类就业的比例。此外，由于旅游吸引战略而变得热门的小镇会经历负面的外溢效应（意大利的奥维托就是这样的例子）。即便有这些负面因素，旅游还是可以帮助小镇实现可持续。面临着巨大转型压力的奥地利、瑞士、法国和意大利的阿尔卑斯山区小镇，正越来越多地使用好客、旅游、原真等概念。这些小镇面临诸多问题，如人口流失、传统农业活动减少、设施老化、对外交通不便、缺乏规划思路和战略，最终小镇将丧失地方传统和文化。尽管"阿尔卑斯城"（AlpCity，欧洲的组织网）的记录发现，一些小镇已经成功发展了专业化的中小型企业（特别是与传统手工业有关的），正在吸引年轻人留下来，但是它们仍然在挣扎着描绘它们的未来。

　　一个有趣的项目出现在了意大利，特别是在弗留利-威尼斯-朱利亚（Friuli Venezia Giulia）地区（包括卡尔尼亚的阿尔卑斯地区和地势较低的乌迪内以及的里雅斯特周边地区）。这个项目叫做全域酒店（Albergo Diffuso），就是把村庄整体改造为一个宾馆，为游客提供相对廉价的原真性的住宿。位于镇中心的中央前台处理处理住宿需求，因此能降低共同的经常性成本。用作宾馆的房屋将按照地方建筑标准

**图182　弗吉尼亚音乐之路**

弯曲的公路——弗吉尼亚传统音乐之路，穿越弗吉尼亚西南部的群山。这条音乐之路旨在通过推广遗迹旅游以及蓝岭和阿巴契亚山区文化来促进地方经济。

进行翻修和修复；松树的标记用来标识住宿的等级。住客可以在村里闲逛，购买本地手工艺品，在地方餐厅用餐。欧洲地区联合会（AER，欧洲地区的政治组织）称赞了这个概念，认为这个概念珍视了可持续性和原真性，尊重了地方传统和文化。欧洲地区联合会表示："地方的原真性是整个项目的核心。游客可以在真实的地方得到真实的感觉。旧时的记忆仍活在当地村民的故事中"。[155] 这个想法始于 1978 年的卡尔尼亚（Carnia），原因是早两年的地震摧毁了该地区的大部分。现在意大利有超过 90 个全域酒店，欧洲地区联合会将其作为范例在其他欧洲国家推广。

这些曾被遗忘的村庄和小镇的诱惑是巨大的，特别是对于外国人。在 1990 年代中叶，一个瑞典籍的意大利裔保护专家在意大利的阿布鲁齐（Abruzzi）地区发现了圣斯泰法诺迪塞桑约（Santo Stefano di Sessanio）小镇。他取得了该镇法律广场（Palazzo delle Logge）和周边的建筑，并投资超过

510 万欧元翻新这些建筑。现在这个广场是一个全域酒店，努力向有兴趣的人展示"地域的考古遗迹"。[156] 这个项目包括（甚至推销）所有正确的元素：原真性、地方文化、食物和传统。在它的网站上，这个全域酒店向那些全球城市推销自己，将自己与柏林、伦敦、巴黎和马德里相提并论。

## 7.3　地方产品

### 7.3.1　重要载体 *

围绕一定的仪式和实践培育快乐和好客，往往会容易些。通常这包括食物、饮食习惯和分享食物的习惯。食物是小镇经济的重要组成部分。要发展可持续的地方经济，规划师需要留意食物的生产过程，以及同样重要的，食物的消费过程。地方化食物系统日益成为地方化经济系统的重要部分。经济发展部门关注使用本地资源制造出的产品，可帮助他们吸引生产者和消费者。通常这些努力有着积极的作用：文化景观得以维持，因为农田用来

＊　该标题为译者加。　．

图 183　意大利靠近锡耶纳的欧奇亚山谷

一处农业旅游开发项目。

**图184　意大利基亚文纳**

"慢食"的"味道方舟"项目保护了濒临灭绝的食品，例如基亚文纳的提琴火腿。这种火腿是这个区域的特产。它由山羊肉制成，在本地区特有的阿尔卑斯地质条件形成的山洞中熟化。因为会做的人越来越少而变得越来越稀有。

生产农作物；小企业主拥有了产品的市场；小镇可以维持和强化它们的地方特色和原真性；食物被放在了日常社会生活和休闲活动的中心位置。

原真性是地方特色的核心方面。根据规划师苏·克里福德（Sue Clifford）和环境学家安吉拉·金（Angela King）的说法，原真性是关于"真实和真正的东西"，这些东西拥有"有意义的力量"。[157] 为了描述原真性，她们举了温斯里代尔（Wensleydale）奶酪的例子。这种奶酪是来自英国北约克郡地区的手工奶酪。"这种奶酪一直在这个山谷出产而不是旁边那个，为什么对于生产者和消费者而言很重要？除了对工作岗位的需求之外，我们还需要明白的是这个地方的奶牛吃这个山谷的草，以及这个地方世代形成的经验加在一起创造出了这种特别、原真和优质的食物。奶酪的生产为这个地方带来了尊严和骄傲，因为生产奶酪的人是专家，种草喂牛的人也有贡献。这种关系孕育了文化和认同，对在此居住和工作的人们有意义，对偶然到访或者专程来访的人们也有意义。这种活动创造和维持的景观是这样的：青草、野花和谷仓有真正的作用，它们之间是有互相关系。"[158]

欢聚和地方产品共同携手了。英国农贸市场的流行不仅是因为采购地方产品中发现的新价值，而且这些市场本身就是欢聚的场所。跟很多欧洲的市场不一样，美国的农贸市场已成了节日，伴有现场音乐、烹饪表演、公共餐桌和手工产品的体验。

## 7.3.2　消费者也是生产者

谈到优质、干净和公平食品的必要性时，慢食运动创始人卡罗·帕特里尼（Carlo Petrini）认为，消费者也必须成为生产者。他谈到"消费是生产过程的最后动作"[159]，我们需要留意食物从哪里来，如何生产，谁生产，如何进行处理，如何进行准备。他还说，食物"不仅仅是要被吃掉的简单产品：它是欢乐、认同、文化、愉悦、欢聚、营养、地方经济和生存"。[160] 我们可以给消费者更多的信息和培训，他们就能做出更好的选择。

美国的研究已经表明，消费者对购买地方产品有很大的兴趣。例如，内布拉斯加州一份对消费者和农夫的最近研究显示，消费者愿意花更多的钱购买地方产品，因为他们认可地方产品的味道和质量。[161] 但是相反，农夫对地方市场表现了较低的兴趣，他们更愿意把产品卖给大型食品工厂。消

**图 185　瑞士苏黎世**

瑞士的连锁超市库帕自 2007 年开始提供慢食产品。现在已经包括了 50 多种产品。库帕也帮助在瑞士创立了 5 个"坚守"计划( Presidia )，以支持食品的生产，例如瓦莱州（ Valais ）地区的黑麦面包。

费者和生产者的不匹配指明了小镇规划师可以发挥的重要作用：他们可以用产品将消费者和生产者联系起来，并就地方产品对消费者和生产者双方进行教育。

很多有前景的例子告诉我们如何实现以上的想法。如第 2 章提到的，"慢食"组织在 2001 年与库帕意大利（ Coop，意大利最大的超市连锁店）签署了协议。库帕有 11 种"坚守"计划产品在它的店中销售。绝大部分产品的市场反应很好，即使价格上涨了也是如此。于是，生产者的数量增加了，"慢食"组织成功地将小众产品生产者与大宗消费市场联系起来。例如，辛塔涩尼斯（ Cinta Cenese ）猪肉生产者（一种"坚守"计划产品的供应商）的数量从 9 家增加到 130 家。[162] 库帕在瑞士的超市连锁店实施了类似的项目（图 185 ）。1994 年，意大利北部的博尔扎诺省（ Bolzano ）的区域发展机构启动了一项欧盟赞助的项目，以重新生产传统的面包棍（叫做温彻格·乌帕尔，Vinschger Urpaarl，使用黑麦面粉，最早由该区域的本笃会僧侣发明）。这

个项目把拥有磨坊的农夫和拥有当地面包师的磨坊联系起来。严格的质量控制确保了原料的整合，同时"慢食"组织的参与鼓励了销售。结果，该地区山谷中小规模谷物农田的传统景观得以保留，农夫、磨坊主、面包师赚得的收入高于一般的谷物或者面粉。在美国，类似的团体营销努力包括北卡罗里那州的"手工美国"（推销阿巴拉契亚山区的手工艺品）、阿肯色州的"三角洲制造"（以地方产品和特产为特色）。这些努力都努力将生产者和消费者联系起来。

这些地方产品可能会拨动消费者的心弦。德国社会学家乌里奇·贝克（ Ulrich Beck ）写到，在文化、政治、经济全球化的时代，社会需要定义新的目标。[163] 他认为，差别化要受到奖赏，地方产品会有"再区域化"的机会。在全球化拿走特色的时代，产品的来龙去脉变得越来越重要。地方市场、"慢食"将消费者和生产者联系起来，"购买本地产品"运动也是这种意图的表现形式。欢聚、好客、地方产品的联系似乎很难达到，但是如果生产和消费根植于地方背景，如果时空是围绕消费的社会互动而存在，那么从概念上这些想法之间的联系是非常明显的。

**图 186　弗吉尼亚州布莱克斯堡**

莱利克（Lyric，意为抒情诗）是镇中心重建的电影院。

# 8

## 创意和文化

小镇文化和传统的创意表达是社会可持续的重要元素。艺术和文化对城镇的活力始终是重要的。文化传承和传统"织进"了小镇的社会肌理中，给了小镇持续存在的意义。艺术、文化，特别是遗产，在保护和发展小镇和农村地区的认同方面发挥着重要作用。早在1930年代，美国的一些研究就描述了农村背景下创意和艺术发挥的重要作用。[164]近来，麦肯奈特基金会（Mcknight Foundation）的研究者在研究明尼苏达州农村地区小镇时发现，艺术和创意在社会，甚至在经济层面的小镇复兴中可以扮演重要的催化作用。他们强调艺术在小镇发挥的四方面作用，包括1）创造市民、来访者、邻里、朋友和家庭参与的重要机遇；2）通过多样化的领导方式强化市民合作的方式和创造社区层面解决方案；3）帮助形成社区认同；4）为新的农村（小镇）经济发展做出贡献。[165]

一些评论家鼓吹文化活动在经济竞争力方面的转型潜力。这种更加工具性的视角关注能够吸引顾客的文化事件，创造可以成为消费空间的嬉皮、波西米亚社区，或者成为全球认可的创意中心。对于艺术、文化和创意的工具性视角源于后工业社会和基于知识的体验经济的崛起。有个时髦的观点是城市和区域的经济竞争力有赖于它们吸引特定知识劳动者（科学家、工程师、作家、艺术家、建筑师、设计师、经理等创意阶层）的能力。[166]创意阶层不仅是创意的创造者，其本身也是消费者。这样创意阶层就有了商品化的意义，因为他们可以创造经济利益。

全世界的城市越来越多地以实用工具为目的来开发艺术、文化和创意，但是规划师、建筑师和政策制定者往往忽视了创意行为本身的价值，以及它对社会可持续的贡献。因此，小镇不仅要关注文化和创意的实际利益，也要关注它们内在的价值和社会贡献。事实上，大多数小镇在现实中是无法与大城市争夺创意阶层人士的。当然，变得有创意和运用艺术、文化来谋求发展可能对小镇而言意味着全新的领域。

## 8.1 基于社区的艺术、文化和创意

对于艺术、文化和创意的作用，从其工具性和本质性的视角出发，在很多方面是不同的。从工具性视角，艺术和文化可以创造立足于本地的经济利益，但是本质性视角珍视创意的潜力，因为创意可以带来社区变革和转变大众的思想。两个理论分别代表了以上两个视角。所谓的"创意阶层理论"认识到了创意性表达的金钱和经济利益。相反，与艺术在社会转型中作用有关的"基于社区的理论"描述了创意在社区艺术和文化中的表达方式。对于小镇而言，后者比前者更有实用性。

基于社区的理论建议，为了小镇可持续和更新而进行的对艺术和文化的运用应该超越其工具性的利益（例如经济竞争力、创意产业的产生等），应该整合创意的内在特征。创意不仅仅是创新或者创造新的事物、产品或者用户体验。创意行为也在转变我们的思想，改变成见。通过艺术和文化，居民和艺术家可以为社区和地方想象一个不同的未来。一旦他们通过创意实现授权就可以带来模式转变。艺术和文化还珍视过去，使用传统技巧、技术或者历史、故事。艺术、文化和创意也得跨越和模糊已知和未知、过去和未来。基于社区的艺术鼓励社区中的创意表达，通过社区成员的参与性实践实现。这些过程创造了社会变革。以经济活力为形式的实质性利益和复兴将随社会转型而来。当这些活动尊重了社区的需要和渴望，并且根植于社区能力建设的过程，它们会非常强大。在小镇中，文化和创意有着

**图 187　英格兰迪斯**
2004 年该镇为纪念约翰·斯凯尔顿（John Skelton）举行了为期一年的节日。他曾是亨利八世的老师，1504 年搬到迪斯，成为教区牧师和诗人。

**图 188　德国乌伯林根**
墙上的壁画描绘了该镇长期的文化传统。以前人们会在狂欢节上跳剑舞；如今人们在七月的节日上表演。1646 年，剑舞正式记录下来，通常由单身的酿酒师来表演。

不同的含义。小镇独特的历史塑造了文化传统的独特类型。通常这一传统源于过去的农业传统。这个传统通过民间艺术和节日进行创意表达，更加接近农村的方式，而不是全球城市的大都市实践（图 188）。传统的手工艺，例如蕾丝的制作、刺绣、制陶、家具制造是小镇文化传统的创意表达。文化传统实践表达了创意（创造和思想的表达），而且联系了过去和未来："文化传统联系了我们和我们的历史、我们的集体记忆，它固化了我们的存在

感，提供洞察力的源泉，帮助我们面向未来"。[167]

基于社区的艺术还对场所营造做出贡献。在 2007 年关于社区发展中的创意作用的出版物中，来自"再投资基金"（The Reinvestment）的杰瑞米·诺瓦克（Jeremy Nowak）呼吁要整合地看待社区发展中艺术作用。他提到，"基于社区的艺术和文化活动有场所营造的价值。艺术家是发现、表达和再使用场所资产（从建筑、公共空间到社区故事）的专家。他们是天生的场所营造者，在自己谋生的同时还发挥了一系列市政和创业的作用（需要合作和自我依赖）。他们沉浸在过去和未来的创意对话中"。[168]艺术家可以让居民参与到创意行为中。居民自己可以成为艺术家，并表达自己的创意。以剧院、音乐、视觉艺术、舞蹈、诗歌或者电子媒体存在的基于社区的艺术可以建立文化认同，创造社会转型和变革。小镇居民在文化事件中彼此互动，从而建立了社会资本。组织民间艺术节或者举办视觉艺术展览不仅可以为小镇吸引游客，而且可以让居民沉浸在创意中或者展示他们自己的艺术。同时在组织这些事件的过程中，非常重要的社会联系和市政能力建立起来了（图190 ~ 图 192）。

图 189　英格兰迪斯

特别的标识可以给该镇带来特色和认同。

**图 190 美国弗吉尼亚州布莱克斯堡**

一年一度的"走出去"街头节日在 8 月的第一个周末举行。这给这个大学镇带来活力，因为此时学生们都已离开学校去过暑假。

**图 191 美国弗吉尼亚州弗洛伊德**

平步舞（踢踏舞的一种）和传统音乐是马布里磨坊（在蓝山公园路上修复的一个谷物磨坊）周末活动的一部分。

**图 192 意大利布拉**

两年一度的芝士节吸引了超过 15 万人来访。

### 8.1.1 小镇创意和复兴

基于社区的文化和创意促进小镇的复兴,有很多案例。肯塔基州的帕迪尤卡(Paducah),是拥有 25009 人的小镇,通过给艺术家提供搬迁激励,成功复兴了高犯罪率的历史街区(图193、图 194)。下城是帕迪尤卡最古老的社区,拥有意大利风格、哥特复兴风格、罗马风格、安妮女王风格、古典复兴等风格的历史住宅。1982 年,该区域列入美国国家历史地区名录,但是该地区很快就衰落了。家庭搬往郊区,城市边缘的购物中心夺走了过去中心区的繁荣。下城饱受毒品和卖淫犯罪行为的困扰,很多历史建筑的房东行为恶劣。2000 年,该镇启动了"艺术家搬迁项目",通过提供文化和经济激励,鼓励艺术家在下城购买房屋和设立画廊、工作室。当地的银行与艺术家合作,为他们提供固定利率的按揭贷款。这个项目是马可·巴罗内(Mark Barone)的主意,他住在本地,也是艺术家。他和城市规划师汤姆·巴内特(Tom Barnett)预见到艺术家改变本地区的潜力。这个地区有"双重区划",意味着可以混合商业和居住用途。艺术家可以住在楼上,在自己的住宅内开设工作室或者画廊。

至今这个镇已经吸引了全美甚至海外 70 多个艺术家。这个项目特别吸引了那些付不起纽约和芝加哥高房价的艺术家。这个项目的高成功率获得了全国认可,因为约 25% 到访帕迪尤卡的艺术家留了下来。帕迪尤卡有两个方式从艺术家获益。其一,社区经济得到振兴,因为下城对艺术家的成功吸引提升了当地房地产价格,当地房产价格从 2000 年起翻了三番。其二,

**图 193　美国肯塔基州帕迪尤卡**

艺术家搬迁计划始于 2000 年,如今已经吸引了 70 名艺术家。帕迪尤卡的下城规划为艺术区,可以用于商业和居住两种用途。这使艺术家可以生活和工作在同一个建筑中。

**图 194　美国肯塔基州帕迪尤卡**

门特豪斯(Mentor House)画廊位于基帕迪尤卡下城中心。5.5 米高的长颈鹿由艺术家乔治·班德拉(George Bandarra)创作,给这个建筑和周围的社区增添了独特感。

经过了一段时间与艺术家相融合,当地居民发现了社区的创意因素,而不是逃避社区。

艺术家是变革推动者。他们往往是衰落社区或者地区复兴雏形阶段的早期进入者。例如,在帕迪尤卡,艺术家冒着风险搬入了衰落的社区。他们看好未来,并在这个地区投资。进而,他们稳定了社区。艺术家也精通对仓库等旧建筑的适应性再利用。如杰瑞米·诺瓦克所说,他们珍视重塑空间的

机遇。艺术家为街区或社区提供创业激情，同时通过他们自己的商业行为对地方经济发展作出贡献。

明尼苏达州的不少小镇已经拥有了这些稳定社区的力量。纽约米尔斯（New York Mills）是一个不到 1200 人的小镇，在双子城西北约 3.5 小时车程，从地区文化中心的成立中大获裨益（图 195、图 196）。该镇 1884 年由芬兰移民设立，传统上是农业社区。过去的 20 年间，它经历了人口迁出和主街经济衰落。1980 年代后期，艺术家约翰·戴维斯买下一栋快塌的农舍，搬到了镇上。于是他成了纽约米尔斯的变革推动者，他带头将这里创造为艺术家的天堂。为了说服当地居民，他组织成立了由纽约米尔斯人口构成代表组成的董事会，并获得了从银行取得贷款的能力。他还说服市政厅为由主街上废弃建筑改造成的地区文化中心提供 35000 美元。纽约米尔斯的居民对地区文化中心的财政承诺是前所未有的。地理学家马库森（Markusen）和约翰逊（Johnson）在对明尼苏达州的艺术家中心进行评估时，指出"明尼阿波利斯市政厅对都市艺术组织的人均投资将达到 1300 万美元"。[169] 建筑的更新成为市政工程，部分地方居民也自愿参与其中。该中心 1992 年开放，自此成为地方和区域重要的艺术中心。艺术家们访问该镇，享受该镇乡野的休闲环境。他们还在本地社区义务劳动，为市政能力的建设作出贡献。每月一次的艺术家论坛促进艺术家之间的交流，季节性的活动（如冰屋设计大赛）为该镇带来活力。市政厅每年为该组织拨款 10000 美元，尽管这对于该中心每年运行所需的 13.3 万美元来说是杯水车薪。总的来说，这个中

**图 195　美国明尼苏达州纽约米尔斯**

纽约米尔斯地区文化中心已经成为这个明尼苏达小镇重要的社会和文化设施。作为一个非营利的设施，它为该镇居民提供大量活动。它也是明尼阿波利斯沃克艺术中心的分中心，为孩子们提供艺术教育（如芭蕾舞课）。

**图 196　美国明尼苏达州纽约米尔斯**

这个文化中心已经成为各个年龄层人群的社区设施。二楼的画廊常年设展。

心的效果是明显的：该镇人口增长了，地方企业的数量增加了，新学校建立了，中心区复兴了。

尽管大多数像地区文化中心这样的艺术家设施运行很难得到足够的财政支持，但它们的确是无价之宝。文化活动提供的高质量艺术内容可以让本地居民受益匪浅。来镇上的游客参加以上的艺术活动时会带来经济价值。这些文化中心为社区注入了新能量，提升了公民自豪感，特别是历史建筑还得到了修复。艺术家的到访和在镇上的工作同时激发了地方居民中的创意思考。

小镇利用艺术进行更新的例子太多了，这里不再赘述（图 197 ～ 图 199）。很多小镇电影院（曾经也是艺术中心）已经得到翻新（图 186）。它们现在已经成为中心区更新的重要锚项目。这些设施成为人们到访小镇的原因。密歇根州的杰克逊小镇将一个监狱改造为艺术家居住和工作的建筑。该镇计划把居住在此的艺术家和企业界人士联系起来，将这个建筑整合成为孵化器。艺术设施和艺术家可以改变场所，为小镇活力作出贡献。但是这些行为一定要超越"只是变得嬉皮和酷"的阶段。艺术和文化应该走近市民，并给他们赋权。社会利益因这种基于社区的艺术转型小镇而产生的。

图 197　英格兰布里德波特（Bridport）
小镇的艺术中心有 200 个座席的剧院、三个展厅以及一个咖啡吧。

图 198　苏格兰帕斯（Perth）
新的有 1600 个座席的音乐厅在原先的霍斯克洛斯市场上建成。该项目主要由国家博彩收入资助，是英国千禧年庆祝项目的一部分。

图 199　德国乌伯林根（Überlingen）
乌伯林根的公共艺术。喷水池由本地艺术家彼得·伦克（Peter Lenk）设计和建造。骑马的人是著名作家马丁·华尔斯（Martin Walser，他把乌伯林根当作是家乡）的标志性形象。公共艺术可以激发思考，可以是煽动性的。

## 阿尔巴尼亚的波格拉德茨

波格拉德茨（Pogradec）是阿尔巴尼亚东南部的小镇。它位于奥赫里德湖畔（Lake Ohrid），是区域的主要中心城市。小镇有30000人，虽然小，但是毗邻马其顿和希腊的区位优势使它成为国际化的枢纽，不同的人可以在此汇聚和交流。波格拉德茨的历史可以追溯到定居在此的古代伊利里亚人。该区域始终是不同的帝国，如希腊、罗马、威尼斯、奥特曼和意大利，争夺的对象。1944年，共产党赢得了现代阿尔巴尼亚。总统恩维尔·霍查（Enver Hoxha）独裁统治这个斯大林式的国家长达40年，使该国孤立于周边区域以及欧洲文化趋势和地缘政治潮流。波格拉德茨群山环绕、坐落湖畔，是一个旅游胜地。在共产党统治时期，它是政府官员的避暑胜地。波格拉德茨以及阿尔巴尼亚全国曾经历了巨大的政治文化变革。政治竞争、氏族隔离、选举争议造成了1990年代早期的不稳定和无政府主义。国际维和部队介入了周边地区，1990年代中期在波斯尼亚，1999年在科索沃。阿尔巴尼亚经历了来自这些邻国内战冲突的第一手外溢效应。

阿尔巴尼亚（也包括其他前共产主义国家）的小镇努力争取获得正常化。通常，市场经济进入的速度吓坏了它们，它们害怕丧失地方认同。转型期的国家在社会系统上也经历了很多变化。瑞士外交部的发展合作机构（Swiss Agency for Development and Cooperation，SDC）所属的瑞士艺术委员会，在东南欧和乌克兰发起了瑞士文化项目（SCP），帮助这些国家通过艺术和文化的推动成功实现国家的转型。2004年，这个项目在阿尔巴尼亚开始了第一个项目，

图200　波格拉德茨镇中心

图201　波格拉德茨

波格拉德茨主街上开了一家书店和咖啡馆。这个咖啡馆由一个女性"创意城市"项目志愿者发起，作为第三场所，不仅服务于本地居民，而且也服务于游客。波格拉德茨"创意城市"项目成功地引发了想象性的解决方案，针对常见的城市问题，诸如主街的衰落、文化设施的缺乏。

图202　波格拉德茨

更新和美化之前的纳姆弗拉舍利大街（Naim Frasheri Street）（部分）（2005年）。

始于两个城市斯库台（Shkodra）和波格拉德茨。他们计划将这两个城市转变为创意城市，通过文化和艺术带来社会转型和变革。瑞士文化项目（SCP）邀请了查尔斯·兰德利在阿尔巴尼亚推动这个项目，采用全新的方法将无处不在的控制文化改变为透明和开放的文化。

波格拉德茨的创意城市项目由一群对启动变革、应对社会和城市衰落有兴趣的公民团队领导。充分利用波格拉德茨当地自然资源（如花卉和湖畔美景），这个团队启动了街道美化项目和花卉节。一位当地艺术家开始在他的房门上画画，过了一段时间其他居民也想效仿。这些自愿行为成为创意的"触发器"，甚至让地方政府维修主街道、美化更多的地区。图书馆和咖啡馆开放了，成为第三场所、游客中心和文化中心。一名当地艺术家翻新了一个传统的喷水池，现在成为人们见面常去的地方。当地创新城市团队的另一个成员上演了独角戏，开始为本地和旁边马其顿斯图加镇（Struga）区域的青年准备戏剧比赛。这些小型创意行动已经为镇景带来了显著的变化。

波格拉德茨以文学传承闻名，它的诗歌节是区域的特色，吸引着周边地区的来访者。地方文化实践者、艺术家和政策制定者还复兴了木偶戏剧场的传统，国内外艺术家每年都会前来参加木偶戏节。波格拉德茨计划加入慢城运动，在其旅游发展中强调地方食物和文化。

随着瑞士组织开始第二轮创意城市项目，波格拉德茨的创新城市团队将为阿尔巴尼亚其他城市提供辅导。这次各镇要求在区域层面提出计划，并要与其他镇协作。当被问到波格拉德茨的创意城市项目的成功时，查尔斯·兰德利回应道"波格拉德茨会有更多色彩"。但是像波格拉德茨这样的城市还面临更大的政治和经济问题，诸如腐败、非法建筑、软弱的政府以及盛行的贪婪个人主义。公共物品中的创意和文化表达（如鲜花和街道美化），作为第三场所的图书馆以及文化节事，它们代表着不同的操作模式，却拥有创造社会转型和变革的潜力。

**图 203　波格拉德茨**

更新后的纳姆弗拉舍利大街（部分）（2007 年）。

## 8.1.2 创意和社会转型

基于社区的艺术不仅对小镇的物质转型有贡献，而且对社会转型和城市更新也有裨益。根植于社区的艺术和文化表达会创造针对重大问题和调整的市民参与和讨论。例如，澳大利亚的小镇大多是农村镇，研究者和政府官员运用艺术推动关于可持续发展的社区讨论。2000年6月，拉特罗布大学（La Trobe University）的可持续区域社区中心组织会议讨论澳大利亚农村镇的未来。与欧洲和美国的小镇类似，这些农村镇面临着严峻的问题，例如人口老龄化、经济衰退、建成区萎缩等。此外，很多农村镇非常偏远。研究者和政策制定者认识到：农村镇必须从内部发生变革，并找到解决问题的方法。他们开始建设社会资本并通过一系列指标评价小镇的可持续性。来自可持续区域社区中心的大学研究人员在维多利亚州中部的5个金矿区小镇开始了尝试。他们选择了杜诺利（Dunolly）、韦德伯恩（Wedderburn）、卡里斯布鲁克（Carisbrook）、塔尔伯特（Talbot）和莫尔登（Maldon）等5个镇，计划开发可持续指标、制定战略性的社区规划和衡量基准。[171] 但是，他们很快意识到，如果社区不能充分理解手头的任务，那么鼓励公民参与是很困难的。

研究人员于是改变了策略，开始与文化发展网（连接维多利亚州社区、艺术家、地方组织的非营利组织，旨在推动参与式艺术和社区可持续）进行合作。他们将项目名从"TBL社区审计"改为"小城镇：大视野"这个更有想象力和共鸣的名称。合作过程中有8位艺术家与研究人员在社区一起工作。这些艺术家中有剧作家、网页开发者、摄影师、版画家、织物艺术家、陶艺师、电影制作人，还有一个社区艺术家作为协调人。例如，剧作家密切跟踪社区凝聚力的形成，用分组讨论的形式，研究人员创造了名为《我们就在这里》的舞台表演。社区成员在剧中表演，展现不同社区成员的各种视角。当地电影制作人拍摄了关于研究项目的纪录片，随后在墨尔本上映。视觉艺术展览展出了当地居民创造的艺术品。社区创造的艺术品还在墨尔本等更远的地方展出，加深了城市居民对农村的了解。进一步，郡在艺术政策中将艺术在社区发展和规划中的作用法定化。"小城镇：大视野"现在还与地区的"联系自信社区"（用以建设区域中的小型农村镇的社区凝聚力）项目关联起来。

在澳大利亚农村镇的例子中，创意带来了艺术和文化的固有价值。艺术家推动了社区讨论和阐述，让居民通过多种方式讲述自己对于镇的情感、视角和观点。这暗示了文化和创意的另一种理解（而不是创意阶级理论中提出的）：创意不仅用于经济竞争力，而且还可建设社会资本和公民能力。

## 8.2 创意阶层讨论

近年，创意已经成为城市规划界的热点。规划师和建筑师密切关注着所谓的创意阶层以及他们对"创意城市"的贡献。[172] 根据评论家理查德·佛罗里达（Richard Florida）的说法，创意阶层包括建筑师、设计师、艺术家、演艺人士、科学家，也包括经理、销售人员、律师、会计和银行家。[173] 工业社会向后工业社会的转型深刻影响了城市劳动力市场的构成，今天约30%的美国劳动力（3800万人）是创造想法和知识的。类似的研究表明，8个欧洲国家38%的劳动力属于所谓的创意阶层。[174] 这些创意职业的从业者具有很高的流动性，选择对创意宽容、多元和开放的城市。佛罗里达认为，并不是工作机会吸引了创意阶层。而是，城市的氛围和环境吸引了这个群体。

佛罗里达指出，这个阶层在城市和区域中的分布是不均匀的，他们主要分布在大都市区。旧金山、波士顿、纽约分布较多，而传统的蓝领镇（如马里兰州的坎伯兰、弗吉尼亚州的丹维尔）分布较少。佛罗里达似乎忽视了小镇。在线上杂志《沙龙》（Salon）的采访中，他指出，"没希望的地方如俄克拉荷马州的伊尼德（Enid）和俄亥俄州的扬斯敦（Youngstown），是深厚劳工阶级背景的小地方或者是并非旅游目的地的服务阶层中心。它们都在我的名单的最下端。它们就是被落在后面的地方。所以规模真的是优势。如果你够大，你就可以提供很多选择，做很多事情"。[175]

但是，创意城市的提法是诱导性的，很多小镇努力让自己变得嬉皮、酷，来吸引创意阶层的成员。例如，密歇根州在2003年开始实施基于创意

**图 204　美国密歇根州索戈塔克镇**
曾经以伐木业为主的小镇，索戈塔克如今是一个艺术镇，被密歇根州授予"酷城"称号。

的再开发项目，州长詹妮弗·格兰霍（Jennifer Granholm）启动了"酷城市"项目。密歇根州有很多问题，诸如产业重构、衰落的工业基地、高失业率以及数不清的佛罗里达所说的"没希望的地方"的小镇。年轻人离开该州，很多小镇亟需复兴和扭转衰落。"酷城"项目试图通过集中的物质再开发达到城市更新的目的。一旦某个密歇根城市得到"酷城"认证，它就能申请州基金。这个项目主要关注"砖块和灰泥"的策略，而对艺术和文化的内在利益关注较少。例如，索戈塔克小镇（Sangatuck，位于卡拉马祖河畔）（图204），被认证为"酷城"，获得州的资助以支持一个馅饼厂的更新。这个空置的工厂由一群当地的公民购买，借助州的资助，将转变为基于社区的艺术设施。这个设施有教室和展览空间，还有剧院可以承办电影节。多余的资

金用于建设一个环境友好的雕塑公园。

创意阶层理论已受到广泛的质疑。首先，需要记住的是该理论主要发展在大都市区中。因此在小镇背景下的应用是值得质疑的，因为大都市区受益于聚集经济和更大的劳动力市场，自然就是创意阶层的枢纽。甚至在大都市区内，这个理论也有问题。例如，地理学家杰米·佩克（Jamie Peck）指出，吸引创意阶层的行为使政策制定者采用新自由主义的思路，减少关注那些处理起来更加困难的问题（例如，再区划问题、贫困和无家可归的城市问题）的政策。[176] 一些人批评该理论过于关注人，指出产业结构和随之而来的就业的特点和机会远比创意氛围（决定一个城市的创意阶层指数是否能够排前）来的重要。[177] 另一些人探究创意的概念和创意职业。例如，经济地理学家安·马库森（Ann Markusen）建议护士与科学家、艺术家一样，也应是创意职业，因为护士日常与人打交道的工作需要创意技巧，这种类型的创意不应该受到忽视。另一些人批评佛罗里达对创意阶层的定义太宽泛了，建议不应包括经理、销售人员、律师、会计和银行家等。当然，排除这些职业会减弱创意阶层对经济的影响。如果仅定义为艺术相关的职业，那在欧洲和北美只占劳动力总量的 5% ~ 7%。

以上的质疑引发了难度更高和有争议的关于什么构成创意的讨论。特别是，小镇中的哪种人力资本（农民、护士、教师等）可以被认为是创意的。毕竟，"创意"这个词通常被定义为"有能力创造"，在小镇中思想、艺术、文化和产品的创造可能更加与体力的劳动和工作有关，而不是高技能的科学和思想。在佛罗里达创意阶层的理论背景下，小镇的农民、商店主、教师、护士等职业是否就是不创意的呢？要是农民为了应对气候变化必须找到有创意的方法来种庄稼呢？要是护士在闲暇时间创作民俗艺术呢？要是本地屠夫在本地乐队演奏小号呢？小镇的创意是一个比创意阶层理论更大的概念。在小镇的背景下，创意的概念需要考虑不同的维度和概念（传统的、传承的、高雅的，和下里巴人的），还有基于社区的艺术发挥着重要作用。

### 8.2.1 创意阶层和全球化

当创意阶层的思想最早在北美出现的时候，它们在欧洲、亚洲、澳大利亚、新西兰已经得到了使用。通常它们的应用都是在大都市区或者国际化大城市中。例如，欧盟从 2006 年开始研究创意产业的作用，并在 2007 年采取了第一个欧洲文化发展战略。[178] 欧盟对文化创意产业的重视接着体现在从 1980 年代中叶开始选举年度欧洲文化城市的传统。被选出的城市通常是大城市，如 2009 年选出了奥地利的林兹（Linz）、立陶宛的维尔纽斯（Vilnius）。2007 年，欧盟采用了新的文化政策——《全球化世界中的文化之欧洲日程》（A Euronean Agenda for Culture in Globalising World），以加强文化在发展社会凝聚力、多样性以及经济发展中的作用。尽管边缘地区和郊区的发展会从文化传承获益，但是这个日程更加重要的目标似乎是经济竞争力。

小镇已被欧洲的创意阶层讨论所遗忘。更大的、嬉皮以及通常是即将成为大都市区的地方（如爱尔兰的都柏林或爱沙尼亚的塔林）常被提及。对大规模区域的重视在欧洲大都市区竞争力的讨论中也是如此。这些欧洲大都市区都是根植于更大区域网络中的城市群。因此，目标是通过高速铁路（巴黎到斯图加特单程仅需 3.5 小时）等设施进一步联系城市网络，将这些城市转变为欧洲和全球的经济发展引擎。甚至在传统上以农村和小镇为主的国家，讨论也集中在大都市区的概念上。这样，所谓的边缘地区（大都市区以外的地区）的命运是很重要的问题。像拥有山区小镇的阿尔卑斯地区这样的边缘地区承受着人口外迁和传统社会渐弱的影响。例如，在瑞士，规划师和建筑师建议，为了大都市地区的经济发展，"阿尔卑斯弃置地"（图205）的衰落地区应放弃。[179]

## 8.2.2 小镇有创意阶层吗？

关于创意阶层理论是否可以在农村或者小镇应用的问题，美国农业部的研究人员 2007 年就开始了研究。[180] 他们发现，美国 2000 年的创意阶层县的目录中，只有 11% 的县是非大都市区的县。这些农村的创意阶层所在地也有吸引人们的特点。它们拥有丰富的自然禀赋（山、湖等），或者有高等教育机构（美国土地基金赞助的大学传统上都在农村地区）。结果，创意阶层小镇通常是休闲胜地（如科罗拉多的阿斯彭或者俄勒冈的本得）或者是吸引学生或者特定企业家和企业的大学镇（如弗吉尼亚州的布莱克伯格或者纽约州的伊萨卡）。有时这些小镇可能从历史的巧合发展而来，例如爱荷华州的费尔菲尔德（Fairfield）。1974 年，马赫西国际大学在那里成立，部分课程是教授超自然的冥想。这个大学的存在以及该镇采取的经济园艺策略创造了创意阶层环境。研究人员还发现，在农村和小镇的背景下，"创意阶层的存在本身会创造环境和设施。例如吸引了艺术家和设计师的地方也会吸引喜欢艺术社区的人们"。[181] 但是，这个研究好像还是错误地应用了创意阶层理论，因为研究者应用了类似的创意阶层职业定义，较少留意到小镇的劳动力市场或者人口背景的特殊性。研究小镇或者农村中文化和创意的作用需要对它们的经济和社会贡献的构成重新定义。

**图 205　瑞士亚桂拉（Aquila）**
亚桂拉是个有 500 名居民的小镇，位于贝林佐纳以北 40 公里的山谷。这个区域曾经是所谓"阿尔卑斯废弃地"的一部分。2006 年瑞士开始实施新的区域发展政策，称为"新区域政策"。这个政策旨在培育农村地区小镇间的合作，有时采用与其他镇的合并和兼并等方式。

### 8.2.3 艺术的高成本

很多城市（不论规模大小）渴望建设或者扩建艺术和文化设施，例如博物馆、交响乐队、会议中心和体育场馆。这些设施通常比帕迪尤卡或者纽约米尔斯的艺术家中心或者文化区还要大。这些都是大型的、需要纳税人支付的昂贵设施，而且通常都不盈利。例如罗诺克市（Roanoke，虽然不是个小镇）的75000平方英尺的艺术博物馆每年运行预算预计高达350万美元。西弗吉尼亚的罗诺克艺术博物馆（图206）造价达6600万美元，它那先锋的弗兰克·盖里式的建筑风格[该建筑由洛杉矶建筑师兰德尔·斯特奥特（Randall Stout）设计]展现了该镇试图通过大规模艺术设施重振铁路镇昔日辉煌的雄心。[182] 像罗诺克这样的中等城市想争取"毕尔巴鄂效应"，但却不清楚这种基于消费发展策略的成本收益关系

的难度。正如安·马库森所述，只有一些规模大、高度专业化的城市（拉斯维加斯或者奥兰多）能从这些设施上获得经济利益，因为它们成功吸引到了多得不成比例的企业、来访者和游客。但是，大多数城市从文化旅游中只得到了很少的利益。这一事实反驳了通常过度乐观的咨询报告。这些报告总是试图向政策制定者游说这类设施的经济潜力。事实上，大型文化设施的运营需要财政的补贴，因为利息和未来的运营成本都很高，而姗姗来迟的收益也不足以补偿公共投资。这些"大型项目"符合对艺术和文化作用的工具主义理解，妄想将小镇转变为未来的城市。

与大都市区相反，小镇可能会更好地利用文化和创意作为城市更新的工具。前提是文化和创意的政策要满足社区的需求，而且空间上是分散的。小镇可以因它的小规模获益，能够聚

**图206 美国弗吉尼亚州罗诺克镇**

陶布曼艺术博物馆，价值6600万美元。这是一个很好的例子：艺术设施不仅为艺术收藏提供展示空间，而且也让镇"在地图上"凸显。

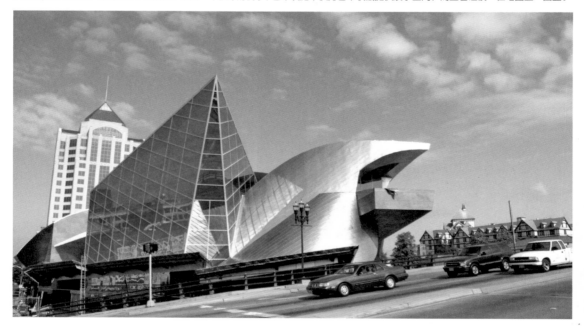

集和吸引不同类型的社区成员和团体。在帕迪尤卡和纽约米尔斯，当公民和艺术家一起参与创造艺术和文化时，小镇的居民就可以通过文化带来变化。马库森指出，"小镇更容易与潜在的合作者一起发展有活力的文化生活和经济"。[183] 她赞成在空间上分散布局不同社区的文化活动，而不是在一个单一设施或者一个叫做"文化区"的单一区域中。通过整合文化和艺术到小镇的整个肌理中，居民，当然也包括来访者，都可以体验文化活动。

### 8.2.4　商品化的危险

使用艺术、文化和创意以重振小镇的努力涉及空间商品化的话题。如果创意只是工具主义应用的话，小镇只会成为商品——供有钱人生活在田园牧歌式的小镇里，而通过艺术家和波希米亚式的艺术爱好者的工作可以保留和强化小镇的地方认同。农村或者小镇的田园生活成为商品是因为它的传统功能——农业、基于资源的经济、与自然的联系等。这对于现代生活方式而言，是理想的图景或者背景。地理学家爱德华·雷尔夫（Edward Relph）是最早谈论以上发展思路的学者，被人称为景观的幻想工程师。[184] 他谈到了不列颠哥伦比亚一个采矿小镇的例子，该镇决定采用巴伐利亚主题向游客推销。在这个案例中，文化是已有传统和传奇的地方（工业镇的工人阶级传统）使用幻想（巴伐利亚短裤在加拿大）。社会学家夏朗·祖金（Sharon Zukin）在她的《权利的景观：从底特律到迪士尼》一书中强调了城市景观向消费空间转变的趋势，这一趋势是由去工业化的挑战和后工业化经济的崛起一起驱动的。

小镇的艺术和文化处于创造"堕落乌托邦"（地理学家大卫·哈维的说法——和谐的地方，但在真实世界之外）的危险之中。整合艺术和创意的空间仅仅是为了场面，产生"干净的"认同。小镇的规划师和建筑师必须要走在钢丝上，一端是艺术商品化，一端是把创意的真实和原真当作社区重振和发展的变革推进器。

**图 207　美国西弗吉尼亚州哈泊斯费里（Hapers Ferry）**

该镇位于国家历史公园中，在波拖马可（Potomac）河和谢南多厄（Shenandoah）河的交汇处，有着闻名的历史（1859 年的废奴主义者起义）。尽管该镇人口仅有 300 人，但每年可以吸引 100 万游客。

157

图 208　英格兰刘易斯

# 9

# 公平：住房、工作和社会福祉

生活质量和社会福祉通常是富足中产阶级的前提条件，但这个说法没有考虑穷人的需求，也因此掩盖了社会经济不平等的问题。在可持续发展的文献里，公平是 3 个 E 之一，是与经济和环境可持续同样重要的因素。结构性的经济变革、新技术、零售布局的变化格局影响了很多小镇的经济。结果，一些镇拥有高失业率、高于平均水平的贫困率、高于平均水平的依赖服务业的弱势家庭。大型超市和郊外超级商店的增长，加上购物者的流动性增强、网上购物的增长以及偏爱大型企业的规划、政策和税收刺激手段的推广，导致独立零售商店的关闭以及影剧院、银行支行等私人企业的退出。以英国为例，从 2000 年开始，地方银行、邮局、酒吧、独立杂货店和街角商店总共减少了 65000 多家。与此同时，独立的新鲜食品店（包括面包房、肉店、鱼贩和菜贩）的销售量直线下降，而大型连锁超市则扩大了它们的市场份额。并不是所有的损失都在小镇，但是对小镇的冲击是不成比例的大，结果很可能是成为"鬼城"。[185] 同时，新自由主义的政策和经济理性主义的流行意味着很多中央和地方政府的服务私有化了，学校、医院和公共交通的预算削减了。商店和服务的减少并不仅仅影响就业和收入，而且对小镇活力、好客和社会凝聚力产生了负面影响。在贫困和失业率高的小镇是很难实现环境可持续的。

经济下行的因果关系（图 209）甚至被社会文化的下行因果关系所叠加。经济的下行和投资的缺乏导致了工作岗位流失、人口外流以及对本地货物和服务的需求减弱、日益薄弱的税基、衰败的基础设施和对新经济投资缺乏吸引力的环境。低收入、有限的经济机会、社会和文化设施的缺失引发了意气消沉和孤立的情绪，同时社会经济的不平等导致了紧张局面和怨恨。低迷的社区士气和衰弱的社会凝聚力催生了宿命论，阻止了领导力和创新的产生，同时有限的市政服务对弱势家庭和个人几乎没有任何支持。结果就是，可持续发展无法实现。

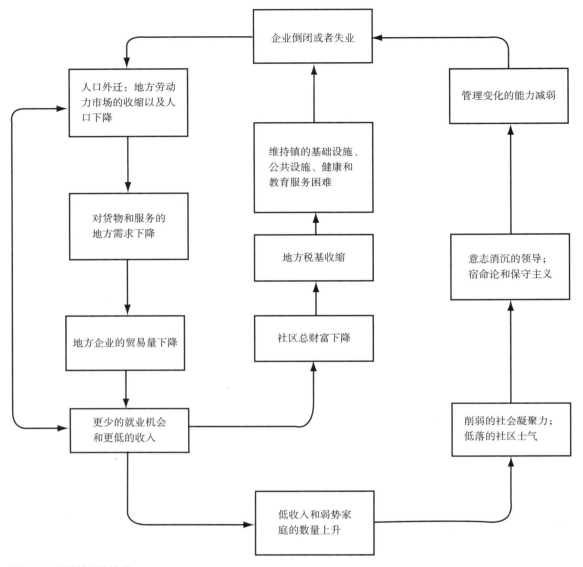

**图 209  积累的因果关系**

地方企业的关闭会形成经济和社会文化衰落的自我强化的下行螺旋。

## 9.1 公平和社会福祉

公平的问题牵扯到更大的伦理和政治判断。政治右派倾向相信自由市场竞争的"经济公平"。竞争中能力和价值的差异产生更有能力的人和获利更大的地区，这样生产力越高的地方和地区的社会福祉自然就越高。左派倾向相信基于结果公平的宽泛原则的"社会公正"。中派则可以接受经济效率带来的一些结果不公平。地理学家大卫·哈维（David Harvey）曾建议，当确保最弱势地区的未来利益最大化时，公平的分配不需要考虑结果公平，但是要反映需求的标准、公共物品的分配和社会价值。[186]

在最广泛的层面，大多数西方国家有一个由来已久的共识，就是个人机会的平等和集体资源获取的平等是最基本的权利，在收入、住房、教育和医疗方面应该有一个最低门槛。但是这个共识从1980年代起，因新自由主义的政治经济转型而被弱化。公共利益和市民社会让位于草根对税收的抗拒，结果就是学校、医院、诊所、邮局和公共汽车服务等的预算缩减甚至关闭，基础设施和公共设施的投资削减，福利再分配项目缩减。但不管如何，我们很明确，公平是可持续发展的关键。

此外，对于有多样化就业机会的弹性经济而言，可以租售的负担得起的合适住房的存在对于维持小镇的社会多样性是重要的，可以使人们维持亲友关系网，支持地方服务的增长和可行性。在可持续的社区中，巩固这些政策是当地市民应培养的能力，这样他们才可对影响他们生活的决定施加控制和影响。在本章，我们关注这些重要的议题，在讨论成功的制度性基础设施之前，我们会考察可负担住房、教育、医疗的创新案例。

### 9.1.1 可负担住宅

高质量、可负担住房的短缺是小镇面临的迫切问题之一，这会威胁它们的长期活力和生存能力（图210 ~ 图212）。如果没有足够的可负担住房的供给，一些家庭就会失去居住在镇上的机会。这就会造成社区人口构成上的严重不平衡。此外，很多面临支付能力问题的人们对于经济发展却很重要，考虑到他们的年龄、技能和需求，他们可以帮助维持一个健康的劳动力市场。但是通常，小镇相对小规模的住房市场意味着政府政策和大型建造公司的市场战略都不会留意可负担住房这一主要问题。例如，在英国，政府政策提供优先住房，包括为"关键工作者"提供一定比例的可负担住房。但是，严格划定的"关键工作者"（包括警察、医护人员、教育工作者等）并不考虑具体地方经济的需求。同时，小规模开发的成本相对高，导致它们不会成为政府机构资助的对象，也不会是私人公司盈利的目标。特别是政府机构的压力是在它们的预算内尽可能地提供房屋数量，这导致它们偏爱大城市而不是小镇。当然，理想地来说，关注点应该是使小规模房屋开发成为可能，也有高质量的社区可以与镇和区域的肌理和特色相匹配。

小镇住房问题的复杂性在英格兰东部得到了很好的体现。这个区域市场中镇的比例在全英最高（超过17%），同时农村和海岸镇的居住人口也是最高的。该区域的住房压力主要源于人口的增长、通勤距离变长（主要是围绕伦敦、诺威奇和剑桥地区）以及对第二套住房的需求（尤其是在滨海地区）。房屋价格近年上涨幅度较大，因此找到可负担住房非常困难。中央政府的《区域住房战略（2003～2006年）》估计每年约需7000套可负担住房来满足现存已知的需求，但是实际上只有3000多套可负担住房。同时，政府2003年1月发布的《可持续社区规划》提出在4个增长地区（其中3个与英格兰东部有关，它们是米尔顿凯恩斯、泰晤士河口、伦敦—斯坦斯特德—剑桥廊道）进行大规模房屋开发。《可持续社区规划》的核心是在划定的地区尽可能快地提供住房，同时为中等收入家庭（例如"关键工作者"）提供更多中等价位住宅。

在这个区域中有个镇存在着严重的住房可支付性问题。该镇就是纽马克特（Newmarket，人口16947人）。问题是由"乡村机构"的"健康检查"识别出来的，纽马克特现在也是"自然英国网"的示范镇（这些镇的地方政府、企业、社区团体的合作将帮助提醒其他镇的合作以及国家政策的发展）。

纽马克特是典型的英国市场镇，为周边农村地区提供服务和就业机会。它住房需求的特征是很多市场镇常有的，同时该镇是英格兰赛马业的中心，因此年轻、单身的没有能力购买一般商品房的人群对住房需求非常高。它还有超出寻常的住房租购需求，是来自驻扎在空军（RAF）米尔登霍尔（Mildenhall）和莱肯希斯（Lakenheath）基地的大量美国空军（USAF）人员其及家属。需求还受到纽马克特周边——剑桥增长地区以及往返伦敦通勤者的影响。需求的结果就是纽马克特及其周边20个村庄房价戏剧性的增长。同时，政府的"购买权"项目缩减了可

图210　罗马尼亚赛卡米卡（Şeica Mică）

赛卡米卡是约1800人的小镇。该镇正在经历巨大的社会变革，可以在其物质基础设施上得到反映。该镇成立于14世纪，人口主要是说德语的少数民族。铁幕拉开后，该镇大量人口外流。现在不少移民回来了，正在翻新房屋（图左的两栋房屋就是）。

图211　英格兰布里德波特

有些小镇相对繁荣，对退休人员和二次置业者有吸引力。但是小镇有限的住房储备通常导致了本地家庭住房的可支付性问题。

图212　英格兰迪斯

为老年家庭准备的保障性住房。

出租社会住宅的存量，进一步恶化了这一趋势。另一个问题是纽马克特可供新房屋建设的土地非常有限，这意味着开发成本非常高。这个问题部分源于纽马克特的镇宪章，因为镇宪章旨在保护与赛马业有关的土地。纽马克特及其周边约 1940 公顷（4800 英亩）的土地归"马球俱乐部地产"所有，包括种马场、训练设施、租赁的农场以及 90 个居住和商业物业。

2003 年纽马克特开展了它的"健康检查"，可负担住房成为最主要的问题。于是，纽马克特成立了社区合作组织，该组织的活动成了该镇成为示范镇的重点。[187] 该合作组织包括三个任务组，分别应对可负担住房中的住房需求、选址、参与性设计等三个议题。该组织与社会住宅开发商、地方政府机构、赛马业一起努力，确定了该镇及其周边"关键工作者"的地方定义，识别了可负担住宅开发的潜在选址和空置房屋，推进参与性设计和开发过程（可能采用现代建造技术），与本地雇主一起开发可负担住房项目，以满足主要雇员需求。合作组织对绿色建筑和区域的本土设计（受到镇赛马业传奇的影响和很多历史保护马厩的影响）也很感兴趣。

图 213　德国瓦尔德基尔希

新的社区已经开发。屋主通过"建设团体"——决定一起设计和建造房屋的屋主联合体，来分摊设计、建造和基础设施成本。

图 214　德国瓦尔德基尔希

瓦尔德基尔希新区的房屋是可负担住房。

图 215　德国瓦尔德基尔希

小镇规划需要考虑不同年龄层的需要。可持续目标的重点应是社会公平。

## 9.1.2 小镇的教育和医疗

教育和医疗是小镇社会可持续的重要元素，被认为是公共物品。这些服务的提供通常受制于因人口减少或政治上不愿支持边缘或衰落社区而造成的投资不足。但是，经济和社会的繁荣依赖受过教育和健康的人口。经济学家和区域科学家安德鲁·依沙曼（Andrew Isserman）和他的同事研究了美国农村地区的繁荣。与大多数采用定量方法研究工作和收入增长的经济学家不同，依沙曼用定性的方法研究繁荣。[188] 他研究农村县的住房、工作、贫困和教育的质量。农村地区是指没有超过10000人的城市中心的地区，或者区域90%的人口居住在农村的地区。繁荣的农村地区的孩子们都高中毕业，受教育水平普遍较高，失业率和贫困率较低，居民可以获得可负担和高质量的住房。依沙曼研究的应用就是小镇和农村地区不需要成为"小"和"偏远"的受害者。只要它们做出正确的投资，实施因地制宜的计划来确保教育和医疗的高水平以及失业和贫困的低水平，它们就能繁荣。

医疗是小镇重要的社会课题。很多偏远小镇面临医生、医院、药房等医疗服务严重短缺的问题。例如，在明尼苏达州，独立药剂师的数量在2002年到2008年期间下降了20%。[189] 同时，用药过量造成的死亡（主要是处方药的错用）是农村和小镇占比较大地区的主要问题。在面临就业流失和经济衰落问题的农村地区和小镇，主要的死因是用药过量。除此，如果小镇无法通过社区支持的农业计划（CSA）或者农贸市场影响农业生产，健康食品的选择通常非常少。

与医疗类似，小镇的教育服务也面临着一系列的问题。在美国，农村和小规模学区的投资是长期不足的。人口的流失导致了可行税基的流失以及公共资金的缺失（本可以投资到教育设施上的）。此外，很多美国的州政府对地方社区设置了教育资金的负担。例如，在明尼苏达州，83%的农村学区依赖征税来资助教育。[190] 这些征税（例如提高物业税）在选举投票的时候很容易被取消。此外，人口减少和普遍的不愿意资助公共物品的情绪使很多社区没有能力筹集到发展教育的足够资金。以明尼苏达州（该州相对其他州而言公共支持教育的水平较高）为例，校监的报告显示，近年教育质量下降明显，而且这种趋势将会持续，除非有不同的资助系统设计出来。

全世界的很多社区和小镇正在研究这些问题，寻找创新的解决方法。每年，美国"诺言联盟"（Promise Alliance，整合了不同教育和社会机构的非营利组织）会宣布100个对年轻人最好的社区。[191] 例如爱达荷州的奥罗菲诺镇（Orofino，人口3139人）、爱荷华州的拉莫尼镇（Lamoni，人口2320人）努力为年轻人提供教育和社会发展机遇。很多这样的小镇在地方团体中成立了联盟和网络来推动不同的社会和文化服务。一些镇成立了青年联合会，为市长提供建议，并为辅导项目、预防毒品项目、早教项目或者让高中辍学生继续学业等项目提供建议。

德国的自治市越来越认识到城市环境的家庭友好性的重要性。多种教育设施的提供和儿童保育的选择对于生活质量非常重要。在德国，这些考量的背景首先是人口变化，例如人口老龄化、出生率下降，其次是妇女参加

工作的比例增加。儿童保育的提供和
质量对于想方设法满足社会需要的小
镇而言是重要的研究领域。

图 216　德国瓦尔德基尔希

所谓的"红房子"是供不同年龄人群使用的社区中心。它包括社区厨房、社工办公室和一些公共房间。它发挥了社区的锚固作用，有利于增强社区的社会稳定。

图 217　德国瓦尔德基尔希

巴洛克风格的圣玛格丽滕教堂于 1732 ~ 1734 年间建造。

## 德国瓦尔德基尔希镇

瓦尔德基尔希镇，人口约20000人，位于德国黑森林地区风景如画的山谷。该镇临近瑞士和法国，与周围的大城市弗莱堡（德国环境可持续的模范城）通火车。瓦尔德基尔希镇于2002年加入了"慢城"运动，是德国第二个加入该运动的镇。该镇的历史可以追溯到公元926年，该镇第一次在正式文件中出现。该镇以宝石打磨行业闻名，也有源于1799年的管风琴制造传统。该镇特别之处是经常性的市政和社会活动，还有推动公平社区规划的公共和私人努力。本地有217个俱乐部，还有一系列关注社会可持续和公民参与的示范项目。

瓦尔德基尔希镇为城市如何宣传社会可持续，以及在考虑到社区成员社会经济福祉的前提下强化经济发展提供了示范。瓦尔德基尔希镇的一个早期项目是对一个廉价旅馆的活化。这个旅馆位于被遗弃的衰落社区，当时被汽车垃圾场包围。瓦尔德基尔希镇政府为这个建筑的更新花了大约90万欧元。现在这个建筑因其红色的立面而被叫做"红房子"。今天这个建筑成了社区会议厅，是社区社会工作人员的办公室，也是为社区提供餐食的公共厨房。自2003年秋天开始，每周的农贸市场提供新鲜的水果和蔬菜、面包和公平交易产品。自红房子开放以来，社区的犯罪和破坏公物行为下降了，各年龄层和种族的社区居民建立了更强的社会网络。

为了将社会努力和社区居民的经济发展机遇联系起来，该镇启动了一个就业项目，为长期失业的居民提供就业机会。例如，红房子中的厨房雇用了社区居民，很多工作人员在此毕业后获得了

图218　瓦尔德基尔希镇中心

图219　瓦尔德基尔希镇

市场广场是镇中心会面地点。广场上机动车禁止通行，每周都有农贸市场。市民资助了这个喷泉的翻新。

图220　瓦尔德基尔希镇

朗街是重要的商业街之一。

该地区餐厅的有偿工作机会。其他的工作机会在二手商店和多种形式的服务导向型商业活动中（草坪护理、清洁窗户、快递服务、房屋改造和搬家服务等）。另一个就业项目是针对快退休的人群，让他们与失业人士共享工作机会，在退休前提前参与社会和文化活动。

通过为社区提供建立社交网络的空间以及为失业居民提供就业机会，瓦尔德基尔希镇的规划师把对公平的考量与经济目标联系起来。2004 年，该镇作为模范"社会城市"获得联邦的奖励，2007 年德国家庭、老人、妇女和青年部授予红房子"多世代房屋"称号。于是，瓦尔德基尔希镇获得每年 4 万欧元的经费，用于将红房子运营为年轻人和老年人的社交场所。

瓦尔德基尔希镇也实施了全国范围的"家庭友好"计划。这个项目建立了地方草根联盟以创造更加"家庭友好"的城市。其目标是创造一个家庭可以感觉到温暖的城市环境以及达成更好的工作—生活平衡。一个重要的因素是提供足够的儿童保育和教育设施。德国每个城市必须保证和资助本地家庭的儿童保育。瓦尔德基尔希镇积极地通过"儿童空间"项目规划了这些设施。其中一个成果是最近启用的一个全日制学校（这在德国社区还是少见的）。这个小镇还提供各种教育方法，例如蒙台梭利（一种意大利教育方法）学校、华德福（一种教育方法）学校以及森林幼儿园。

家庭友好以及对公平和社会可持续的关注影响了瓦尔德基尔希镇的形态规划和土地利用方法。该镇的规划师利用所谓的"建设团体"的方法来发展新的社区。"建设团体"是由希望建房却没有办法实现的人们组织起来的。

这些团体在规划和实施项目中一起工作。工作成果包括高密度的社交网络以及邻里之间的整合，因共享建筑师和工匠而节约的建造成本，建造过程的早期介入以及房屋和地区设计的个人化和个性化。"建设团体"的方法在德国的社区活化和城市更新中使用更加频繁。在美国、斯堪的纳维亚国家等其他国家，这样的社会导向型物质开发常叫做"联合住房"（co-housing）。

瓦尔德基尔希镇重视在城市生活的各个方面保护和创造社会可持续。例如，因瓦尔德基尔希镇有在中心广场举行农贸市场的传统，因此该镇有很强烈的场所感。每周两次的市场吸引了本地居民和外地游客。当地的广场是禁止汽车通行的，因此小贩和来访者不用担心受到交通的打扰。去市场的人会品尝农产品，也与朋友和熟人互动。这样的"围绕重要场所的习惯性活动"[192]增强了地方认同和场所感。社会可持续维持了归属感，以及城市环境的所有权和认同（这是"慢城"运动的核心目的）。

瓦尔德基尔希镇把维持地方认同的努力延伸到了社区中。由于社区正在丧失小商店、邮局、银行营业所等重要功能，它们的场所感正在丧失。瓦尔德基尔希镇是国家支持的几个示范社区项目之一，这个项目旨在重建地方社区感和社会网络。这个项目可以粗略地翻译为"临近的生活质量（Lebensqualität durch Nähe）"，鼓励人们重视建立生活质量以及本地生产和销售的服务和产品之间的联系。瓦尔德基尔希镇将围绕三个要素来开展项目，一是建立社交网络和场所感，二是发展一种生活方式以及对地方敏感的食品的生产和消费，三是安排和确保本地就业机会。

### 9.1.3　反社会行为

小镇宜居性的调查发现，对反社会行为的关心仅次于对就业和年轻人设施的关心。反社会行为通常被理解为社会病的一个体现，这种社会病部分源于贫困、不公、丧失等情感。但是，反社会行为与宜居性一样很难定义，因为它受到区域文化价值等的影响。在英国，大城市地区的反社会行为已成为重要的关注话题，研究将其分为三个类型。[193] 第一类是针对特定个人和群体的恶意行为，例如来自邻居的恐吓或威胁、破坏物品、激烈的言语虐待。第二类是阻止别人使用公共空间的妨碍性行为，例如年轻人的恐吓行为、在公共场所吸毒、在大街上饮酒甚至醉酒。第三类是环境反社会行为，指有意无意地破坏地方环境的行为，这包括涂鸦、随意抛弃汽车、点燃垃圾、噪声骚扰、弄污街道的狗粪、乱丢垃圾。

所有三类都能够影响小镇的生活，限制公共空间的使用。反社会环境行为对于社区凝聚力、好客、宜居性和可持续是最相关的。当然，小镇有对抗反社会行为的政策和策略。例如，第 7 章所述的"蚊子"设备的部署，就是针对在公共空间游荡的年轻人。其他的策略包括邻里监视组织、闭路电视技术的使用，当然还有对社区警力的不断资助。但是，从长期来看，最有效阻止反社会行为的方法是社区参与和对可持续 3E（经济、社会和公平）正面贡献的宣传。

## 9.2　制度框架：合作关系、社区能力和社区参与

小镇社会经济的天然弱势使其很难识别需要帮助的人群，因此很难提供合适的服务和支持，很难发展合适的对策来消灭反社会行为、提升宜居性和社会福祉。通常，制度结构、政策框架和规划策略更加倾向贫困人口，这使局面更加糟糕。结果，很多城镇宜居前景受到了很大的限制。另一方面，小镇的志愿服务和社区服务往往比较强大（可能是因为法定服务提供的缺位造成的），能够满足贫困家庭的某些需要。小镇制度性工作和志愿服务的核心是公共、私有和志愿部门的共同合作。合作可以帮助识别本地有需要的人、协调复杂的基金申请、整理信息来源和好的案例、建立社区参与和共识、发展战略性管理变化的能力。成功的合作可以克服根深蒂固的保守观点以及关于小镇可持续的愤世嫉俗或者宿命论，可以避免官僚化规划过程中常出现的"咨询疲劳"。它们还可以让小镇的努力让更多人看到，有助于吸引来自外界的支持和资助。

英格兰的"示范镇"项目强调了建立合作的重要性。"示范镇"成员的健康检查显示出对更强有力、更有代表性的合作的需要，而无论该镇的项目重点是什么。北约克郡的瑟斯克镇（Thirsk，人口 9099 人）形成了专门针对反社会行为（包括犯罪和对犯罪的恐惧）的合作。"安全瑟斯克"包括社区、公共组织、私人组织的代表，还

有地方政府组织、警察、汉布尔顿社区安全合作组织、瑟斯克学校联合会、瑟斯克钟（一个青年中心）、军队、瑟斯克商会和地方住房联合会。[194]

另一个示范镇——牛津郡的法林登（Faringdon，人口6187人），一个初始团体在听取了专业咨询意见（关于团体的组成和结构）后认真地形成了一个正式的合作结构，其结果是成熟的非营利合作结构——"法林登地区项目"，包括托管人、正式成员和一个论坛。法林登的健康检查确认了阻碍企业创业和拓展的障碍，如商务空间的短缺、没有商业支持和建议的网络、没有宽带互联网。"法林登地区项目"已经提供了包含以上需求的品牌识别，开始为地方企业开发一系列支持机制（主要集中于英国政府的区域发展机构SEEDA成立的"企业门户"）。"企业门户"为新的和已有的企业的发展壮大提供基础设施方面的建议和支持。作为工作的一部分，它正在帮助出现在法林登的企业支持组织，包括一个支持当地食品企业的组织和为该地区带来宽带互联网的组织。[195]

好的合作有愿景、战略性路径和正确的结构。个人和合作伙伴之间以及捐助工作团队之间的相互关系一定要清晰地界定、合适地理解和尊重。试图单独行事的公共部门机构只能得到有限的成功，因为它们事实上是局外人。不管它们的政策、项目或者研究工具如何得好，有效变化的关键还是要依赖于社区的动机和行动。培育有创新和活力的合作行动的关键是社区深入持续地对关键事务和目标的参与。

在地方私人企业利益参与到战略性联盟的时候，它们的职业特长可以在地方志愿团体中得以发挥，每个人都会从中获益。公共部门无限制地给予专业指导、资金支持和其他支持。志愿团体融入战略性框架并获得更大的受资助机会；私人企业可以加强外部竞争的能力。与项目性的活动一起，通过参与到更大部分的社区中，合作（以及合作的网络，例如市场镇行动、阿尔卑斯城市、慢城和临近地区的生活质量）形成了社区能力和社会福祉。日常活动以及互动、项目和事件提升了人们之间的信任和互惠，进一步鼓励合作和协作，有助于建设有能量的、有应对能力的、有活力的参与式社区。[196]

图 221　中国高淳

老镇。

# 10

## 新兴国家的小城镇发展

在中国、韩国和印度等新兴国家，小城镇拥有平衡空间发展模式的重要作用。这些新兴的市场经济体的特征是农村—城市人口迁移推动的快速城市化过程。成千上万的人离开农村和小城镇前往大城市，追求更光明的生活和更可靠的经济安全。结果，这些国家的城市体系都存在着严重的不平衡。快速增长的城市、正在清空的农村和停滞不前的社会，经济的不均衡正在戏剧性地变大。农村地区、小镇面临严峻的挑战，下滑的经济、年久失修的基础设施让小镇很难维持一定的人口。

但是，城市化和大城市的快速增长推动了新兴市场经济的增长。2011年，中国的城市人口第一次超过了农村人口。2011年末，中国13.5亿人中，51.3%的人居住在城市。到2025年，预计中国拥有超过200个100万人口以上的城市；在未来20年间，中国将有75%的人口居住在城市。

韩国也有类似的情况。1968年韩国的城市人口占28%。2010年，83%的人口居住在城市，大部分的增长集中在7个最大的都市区内，包括首尔和釜山。城市发展专家预测，到2050年，韩国的城市化水平将达到90%。印度的城市人口也有新纪录：2011年普查的临时数据表明，自从印度1947年独立以来，城市地区人口的净增长第一次超过农村地区。印度的城市化水平从2001年的28%上升到2011年的31%，这意味着农村人口的比例从72%下降到69%。

上述国家的城市增长主要发生在特大城市中，往往以小城镇和农村为代价。但是农村和小城镇在稳定这些国家的农村腹地中发挥着重要作用，因为它们仍然拥有大量人口。印度、中国等国居住在小城镇的人口精确数据很难获得，因为从常用的欧洲和北美城市中心的标准来看很多小镇应被归为农村地区，而不是城市地区。[197] 但是，根据聚落的规模来研究人口的分布，在亚洲、非洲和拉丁美洲的新兴经济体中，大量的人口居住在人口少于5万人的城市中心和5万人到19.9999万人的城市中心内。例如，印度12亿人口的6%居住在居民不超过5万人的小镇上；马来西亚差不多15%的人口是小镇居民；在墨西哥，10%的人居住在小镇；而哥斯达黎加45%的人口居住在小镇。

## 10.1  中国小城镇的发展

### 10.1.1  中国小城镇发展的机制和过程 *

中国的小城镇在推动城市化方面发挥了显著且重要的作用。中国的小城镇可以分为两类。[198] 第一类是官方认可的镇，叫做"建制镇"。这些官方认可的镇必须遵守一定的人口和就业门槛。它们是农村地区的政治、经济、文化生活的中心。第二类是农村镇，所谓的"农村集镇"，是农村的市场镇。

跟欧洲和北美一样，镇作为货物交换的中心，以及社会文化服务提供

的中心是很重要的。历史上，它们联系广大的农村腹地与城镇网络。明清（1368～1911年）以来，镇就是重要的管理中心，经济繁荣。很多镇位于战略要地，通过高墙、大门和瞭望塔保护居民。强有力的等级管理关系让这些镇控制农村地区。

在1950～1970年代，因为大跃进和"文化大革命"，中国的小城镇发展衰退了，尤其是经济和文化功能。

1978年以来，中国实行了改革开放政策，国家政策有利地推动了小城镇的发展。一系列改革推动了这一时期小镇的城市化。首先，中国农村公社制度结束，家庭联产承包责任制建立，农民可以自主劳动而不是集体劳动，

---

\*  该标题为译者加。

**图 222  中国安徽宏村**
宏村与西递一起，自2000年被列为联合国教科文组织的世界遗产。这里的建筑始建于明清，仿佛传统的中国画。

因此农村的生产力大大提高，产生了大量农村剩余劳动力。同时，中国政府支持乡镇企业发展，用以吸收剩余劳动力。乡镇企业是市场导向的企业，成立于乡镇，生产于乡镇。这些企业直到1980年代末都很繁荣，但是很多企业在1990年代中期到末期解体或者完全由个人承包了。但是，乡镇企业在中国小城镇的城市化中发挥了重要作用。在"离土不离乡，进厂不进城"的口号下，中国乡镇企业和农村—城市人口迁移政策吸引了千百万农民涌入小城镇。小城镇不仅成为工业生产的中心，而且成为农民开始新生活的地方。政府批准的建制镇从1980年的2874个增长到1989年的9088个。[199]

1990年代，国家开始特意利用小城镇解决农村发展问题。政策鼓励乡镇企业扎堆布局在临近的小镇内，也鼓励大城市的企业将生产外包给小镇。中央政府开始认识到小城镇发展可以减轻农村问题。2004年，6个部委联合发布了"全国重点镇"的目录。现在，全国1887个镇被列为"全国重点镇"，中央政府投入了大量资金用于"全国重点镇"的发展。

图223　中国江苏高淳

高淳以保存良好的老街两侧古镇著称，是中国第一个慢城。

图224　中国江苏高淳

中国的现代化和发展的同时往往是对已有建筑大规模的拆除。

**图225　中国的城市体系**

中国的城市体系表现为独特的等级特征。村庄、建制镇、集镇散布在区域内，传统上是货物贸易的中心地。随着快速城市化，大都市区跨越了行政区而增长，包括了很多低级别的行政区。结果，新的中心—边缘模式正在演变。

资料来源：根据 Kamal-Chaoui, L., et al., *Urban trends and policy in China*. OECD Regional Development Working Papers. Paris: OECD, 2009, p. 21.

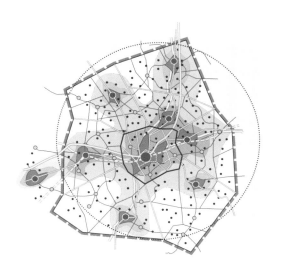

◉　大城市（通常城市人口 >100 万）

◎　中等城市（50 万 ～ 100 万城市人口）

○　小城市—建制镇、集镇（10 万 ～ 50 万城市人口）

●　村庄

　郊区—高密度（>750 人 / 平方公里）；以第二产业和第三产业为主（GDP-S > 50%）；非传统企业为主（GDP-S > 50%）

　半城市化地区—中等密度（>500 人 / 平方公里）；第二产业和第三产业占比中等（GDP-S > 40%）；非传统企业为主

但是，以上支持重点镇发展的政策需要在更大的背景下理解。中国的经济当时主要由位于沿海大城市的经济特区推动，国外直接投资涌入了这些城市的同时，农民工绕开了较小的城市（尽管有小城镇发展的优惠政策）来到这些城市。在沿海大城市，移民可以获得比在传统乡镇企业工作和农业生产更高的收入。结果，小城镇作为农村—城市连续系统中的稳定力量作用被削弱了。这个时期基于小城镇的城市化政策倾斜仅取得了有限成功，因为来自大城市的经济拉力太强了。

近年，中国接受大城市的吸引是不可避免的事实，将其战略规划政策转为对大都市区发展的重视。在这些区域，小城镇整合进了更大的都市区，发挥了不同但是仍很重要的作用——郊区的居住和就业中心。例如，上海都市区的战略发展规划提出建设 9 个新城，以形成更加多中心的发展模式。与此同时，农村地区将在"新农村"的口号下提高基础设施和公共服务水平，提高农村地区的收入。[200] 简言之，中国正在从一个传统农业社会转变为现代工业和城市社会，小城镇面临着社会、经济重构过程中的一系列严重挑战。

图 226 中国江苏大山村

大山村是中国第一个"慢城"区域——高淳区桠溪镇的一部分。该村有 532 人，一些人从大城市回到家乡，因为该村对游客很有吸引力，让他们看到了更多的机会。

## 10.1.2　中国小城镇的挑战和问题

中国的小城镇可持续发展面临着多重挑战。历史上，工业化过程导致了严重的环境问题。很多设在小城镇的乡镇企业从事高污染的产业，如杀虫剂和化肥生产。没有足够的安全饮用水、环境退化等对农村和小城镇生活的影响是巨大的。

快速的城市化进程和现代化的压力也影响了中国小城镇的建成形态和场所感。新的住房发展是制式化的，没有考虑地方习惯和生活方式。现代化是受欢迎的，小城镇需要住房和基础设施等，开发商和地方政府乐于建设和推动小镇的住房项目。

但有时，这些开发项目采用了"奇特"的形式，例如上海周围的小城镇按照欧洲的形式规划建设，有个名为"泰晤士"的小镇模仿了英国小镇（如莱姆里吉斯、巴斯），甚至还拷贝了现有的酒馆、酒吧。旁边的安亭新城是德国的阿尔伯特斯比尔和合伙人事务所（Albert Speer and Partner）规划的，按照包豪斯现代风格建成。尽管安亭布局了汽车公司（一些来自德国）集群，但该镇还没完全实现它当初的设想，没有吸引到28000名居民。在南部省份广东，有个镇完全按照风景如画的奥地利小镇哈尔斯塔特（Hallstatt，靠近萨尔斯堡）规划建设。它的中心广场跟奥地利小镇有同样的比例，甚至完全拷贝了喷泉，周边的建筑也是一样风格的。一般而言，中国特大城市的成长过程中，它们的传统建筑和住宅形式被撕裂，没有特征的新住房街区取代了它们。似乎中国城市居民渴望传统和历史，但是建筑师和规划师很少考虑本土建筑形式、习俗和传统。

中国的小城镇还面临着许多经济挑战。很多小城镇在1980年代因乡镇企业的成功而繁荣。但是，今天很多小城镇只依赖源自乡镇企业的一些大型企业。通常这些公司企业对当地经济社会有很大的影响。例如，山西省的杏花村拥有中国最重要的白酒生产企业——汾酒酒厂。[201] 汾酒酒厂是1949年成立的国有企业，在1980年代的快速发展之后，成为一个拥有几十个子公司的私营企业。它的白酒年产量超过4800加仑，酒厂雇用了超过8000名工人。由于它的规模和市场力量，酒厂对小城镇有巨大的影响力。酒厂消耗了大量的水，因而地下水位下降了，家庭用水的供应量减少了。由于该省水厂的私有化以及水量的减少，水价上涨很快。酒厂对新的发展项目（包括吸引游客的旅游项目）也有影响力。

由于上述的经济挑战，一些中国小镇负债严重。为了改善经济状况，一些镇政府试图通过出售土地使用权给开发商以获得资金。这样，珍贵的农业用地转变为城市居住区或者用于大规模基础设施和旅游项目建设用地。此外，小城镇地方政府通常没有引导自身发展的权力，因为更高一级的政府（如县、省）最终决定发展规划和项目。

### 10.1.3 中国桠溪

桠溪是中国第一个认证的慢城，该地区在 2010 年成为慢城运动的一部分。桠溪不只是一个镇，而是高淳区农村 6 个小村庄的集合（人口 22000 人）。高淳位于江苏省南京市以南，约 90 分钟车程。村庄周边是茂密的茶、梨、葡萄和其他作物的农田。春天，村庄周围成片的油菜花吸引了很多游客参加一年一度的金花节（始于 2008 年）。

桠溪景观资源丰富，使其成为该地区的一个绿洲。1980 年代，这个区域很多山体遭到过度开发。农地用于大量的水果和蔬菜种植。一个化工厂污染了这个县不少小溪和湖泊。为此，高淳宣布该区 70% 的区域划为"非产业发展区"，桠溪就在这个区内。这个向慢节奏生活方式的转变是令人瞩目的，特别是江苏省是中国接受国外直接投资最多的省份，也是中国发展最快、最繁荣的省份之一。

桠溪经历过很多中国其他农村地区和小城镇经历过的问题。桠溪周边的农地用于城市和工业开发，年轻人离开农村前往这个区域快速发展的城市以寻求更有希望的生活。同时，桠溪农村的住房存量正在下降，留守居民的经济前景不容乐观。

2011 年桠溪被确认为"慢城"后，该县开始建设一条 48 公里长的景观道，以联系这 6 个村。这些村都实现了村容提升：新建的住宅是坡屋顶的、涂白的墙上还有精致的图画。大山村是历史悠久的村庄，也是区资助的社区中心。现代化往往会与传统生活方式发生冲突。例如，新建房屋围绕的池塘，仍然是大家洗衣服的地方。

这些发展过后，桠溪吸引了移民的

图 227　大山村
桠溪慢城的一部分。

图 228　桠溪
桠溪是中国第一个"慢城"区域。在这个区域内有 6 个村，一些位于池塘边。

图 229　桠溪
周边区域以农田和村庄为主。

回归。一个曾经在周边大城市建筑行业当过农民工的当地居民回来了，设立了一个农业旅游项目，包括一个旅馆和餐厅。年轻的大学毕业生也回到他们农村的家里从事旅游业。他们可能是逆城市化开始现象的一部分，代表了农村地区的"新知青"。一个小画廊的老板出售当地的手工艺品，包括当地居民手工缝制的鞋。最后，农民能够通过开小餐厅（提供简单但是美味的中国农村食物）来补贴他们的收入。这些发展展示了桠溪发展的巨大潜力，而且这种发展是可持续的，是符合地方文化和传统的。

区政府官员乐于看到桠溪作为慢城的成功和成长。有些讽刺的是，到访中国第一个慢城的不断增长的游客对桠溪有不少期望。游客希望看到城市，而不是一些宁静的村庄。因此，地方官员和规划师面临进一步发展的压力，新的发展有破坏传统原真特征的危险。这里规划了新城市中心大楼，为游客提供画廊、娱乐、酒店、餐厅等设施。规划师们谈论欧洲风格的建筑。这些发展毫无疑问会改变桠溪的传统特色，因为这些规划几乎没有考虑桠溪文化和传统的独特因素。面对旅游的大发展，这个地区的原真性和缓慢的生活节奏处于危险境地。加入慢城运动无意中让桠溪成为快速发展的地区。

图 230　桠溪

"慢城"项目还包括节事，例如金花节。这个节日始于 2008 年，主要目标是吸引游客。

图 231　桠溪

油菜花中的养蜂人。

图 232　桠溪

传统手工艺包括手工童鞋。这些鞋子都是手工缝制，在高淳的老镇市场上出售。

## 10.2 韩国的小镇发展

### 10.2.1 韩国小镇发展的机制和过程 *

　　韩国已经是亚洲最发达的新兴工业化国家之一。它也是世界上城市化程度最高的国家之一，在过去 50 年中城市人口增加了超过 55%。但是这个国家存在大都市区（例如，首尔和釜山）与内陆（主要是农村和小镇）之间巨大的差异和不平衡。即使自 1970 年代国家政府已经认识到小镇和农村的重要性，发起了具有国际知名度的"新村运动"发展计划，小镇的发展前景仍然严重滞后于那些大都市区。

　　像中国一样，韩国也经历了显著的农村—城市迁移，小镇和农村自 1960 年代发生了巨大的变化。韩国的经济成功是基于大都市增长极的发展。在 1960 年代，空间发展政策主要侧重在培育首尔和釜山作为国家的双增长极。结果，适龄工作人口大量迁移到这两个都市区，而其他城市的发展严重滞后了，农村地区人口流失。1970 年代，国家政府制定了首个国家发展计划，旨在形成平衡的城市发展。这个计划提议将增长从首尔和釜山转移到其他区域中心。

　　此外，一个综合性的农村发展计划也启动了，这个计划叫做"新村运动"。这个计划成功地推动了农村地区的现代化，直到今天仍然是很多国家的示范。[202]1970 年代，政府试图分散首尔的发展，将城市发展限制在首尔和周边，因此建立了新城，实施了绿带。但是新城和绿带都不成功，因为发展"蛙跳"越过了绿带，较小的聚落郊区

**图 233　韩国全州韩屋村**
石锅拌饭是传统的韩国美食，也是全州的饮食传统。在全州韩屋村（获得认证的"慢城"）的很多餐厅，都有石锅拌饭。2012 年，全州被联合国教科文组织评为"美食之城"。

化后成为大规模的卫星城市。1980 年代，韩国开始认真制定包含较小城市地区（例如镇和农村）增长的空间发展规划。那时，居住人口在 5 万到 10 万的小城市开始增长。近年，韩国更加注重城市发展地区的多样化。国家的第四个国土规划确认了互相联系的 7 个巨型经济区，由若干超级经济区域进行补充，以及 161 个日常生活圈。此外，新的绿色政策（所谓的"绿色新政"）为各种类型的城市区域提供发展环境可持续项目的优惠政策，目标是形成绿色的地域发展战略。但是问题还是存在，执行了 10 年之久的大都

---

\* 该标题为译者加。

市作为增长极（包括之后的回流效应）的政策是否可以补偿很多农村和小镇经历的衰退。

韩国的小镇和农村面临着许多重要挑战，特别是适龄工作人口向最大城市中心的迁移。日本的农村和小镇的人口流失主要局限在山区，但在韩国这个问题遍布全国。同时，韩国的人口老龄化非常迅速。韩国国家统计局预计到2026年韩国将是"超级老龄社会"。农村和小镇的人口流失连同老龄化的社会将引发一系列严重问题，涉及公共基础设施的维护和劳动人口资本的供给等。韩国的小镇还面临着一些社会变化。例如跨国婚姻的增长，因为当地农民无法找到合适的伴侣，转而越来越多地与外国女性结婚。1960年代以来韩国的经济奇迹主要体现在那些最大的城市中心上。政策制定者和政治家希望的滴流效应至今尚未实现。但是，随着民主化、分散化的努力以及1990年代开始的地方自治，出现了一些可以为小镇可持续做出贡献的项目（例如与"慢城"运动有关的项目）。政府关注农村和小镇环境的活力，包括"农村传统主题村"项目。该项目由农村发展管理局管理，资助了140多个项目，以活化传统文化，吸引城市游客。与中国的项目有些不同，这些项目显示了地方传统和文化受到了越来越多的认可，以及地方居民自下而上发起项目的可能性。

**图234　韩国三支川村**

传统韩屋是韩国"慢城"的特色。韩屋以韩国传统民间建筑形式建造，考虑到了房屋与周边环境、气候条件的关系。一对来自首尔的年轻人决定在镇上过更加简单的生活。

## 10.2.2 韩国的"慢城"

韩国是亚洲第一个拥有慢城认证的国家。到 2013 年初，韩国就有了 10 个慢城。它们是曾岛（Jeungdo Island）、青山岛（Cheongsando）、有治（the Yuchi District）、三支川村（Samjicheon village）、岳阳（Agyang District）、礼山郡（Yesangun）、南杨州市（Namyangju-si）、全州韩屋村（Jeonju Hanok village in Jeonju）、青松（Cheongson）和尚州（Sangju）。这些镇最有趣的地方在于它们展现了较小聚落的多样性，例如农村地区的村庄、大城市郊区带的小镇、中等城市中的历史街区等。但是，大多数慢城都有小镇的特征，与农业腹地有强烈的联系，这与欧洲的慢城非常类似。

慢城运动是由汉阳大学的孙大铉教授引入韩国的。他是韩国慢城网的协调人，对"慢哲学"很有兴趣，他主要的学术工作与旅游和区域发展有关。他与镇长和地方政治家商讨，说服他们申请慢城。尽管他们最初不完全理解慢城，但是镇长们逐渐认识到关注地方传统和文化的潜力，特别是旅游方面的潜力。考虑到韩国自上而下管理的传统，中央政府竟是稍后才参与的，很让人吃惊。开始，国家层面的部门对这个运动有所怀疑，但是现在它们认识到了发展小镇活力的潜力。在一些案例中，国家层面的部门将一些项目作为推动小镇和农村发展的工具。

韩国经济成果和现代化发生得非常迅速。很多地方传统和文化消失了，因为以农村和农业为主的社会转变为了高度现代化、国际化的全球化社会。但是越来越多人认识到了历史、文化、传统和地方手工艺的价值。"慢下来"也吸引了来自首尔的饱受压力的城市居民。一

**图 235 韩国全州韩屋村**
地方政府支持这个书法大师。自从更加简单的韩语使用后，人们使用传统汉字的技能几乎消失了。

些慢城提供工作坊给参与者学习如何腌渍蔬菜，制造传统的泡菜。一些工作坊为人们提供机会练习书法、造纸或者穿着传统服装。很多年轻人已经离开城市来寻求慢节奏生活了，成了"慢生活家"。

三支川村是一个地方传统和文化

受到高度重视的地方。三支川村名字本身就是"有三条河的村庄"的意思。这个拥有 500 个居民的小村庄位于昌平面（Changpyeong-myeon），靠近韩国西南的光州（人口 140 万）。这个村庄很好地保留了传统韩式房屋和 3.6 公里长的石墙，小溪从村中穿过。该村成为"慢城"后，国家和省政府开始提供资助，用以建设游客中心、修复传统的砾石小径和小溪、维护传统的韩式房屋。关于房屋风格和材料的严格建筑规范确保新建建筑与历史特色相协调，同时使用税收抵免和津贴帮助传统房屋的建造者。

出售地方产品、艺术和工艺品的特产市场每隔一周在慢城游客中心旁设立，同时村庄较新部分的日常市场可供农民出售农产品。发展该村"慢"特征的项目是以"自下而上"的方式推进的，有一家私人咨询公司提供想法。但是，现在地方志愿者负责推进。最初，慢城是由较高层面的管理单位资助的，现在拨款减少了，所以地方志愿者必须要调整和缩减项目规模。有个学习小组叫做"蜗牛学堂"（Talpangi Hakdang），本村和游客可以在此学习特别的工艺，例如织物印染或者缝制传统亚麻寿衣。这些活动培育了村庄的企业家精神。一些村庄的妇女开设了工作坊出售她们的产品。韩国地方企业和中小企业在国民经济中占少数，这些计划对于地方经济的多样化非常重要。

慢城运动让三支川村重新焕发了活力。韩国大企业（所谓的财团）仍占据统治地位，所以小公司的发展机会传统上是被忽略的。慢城项目支持了当地市场、工作坊、餐厅，创造了本地的商业机会。韩国用"慢"哲学发展小镇的方法似乎大有前途。

图 236　韩国全州韩屋村

造纸在韩国历史悠久。这个小工厂手工造纸，游客可以观看全过程。

图 237　韩国全州韩屋村

村口的"慢城"蜗牛标识。

图 238　韩国三支川村

传统石墙、小溪和卵石路得到了修复，恢复了老镇中心形象，并带来了活力。

## 10.3 新兴国家小城镇发展的经验教训

中国、韩国、印度这样的国家，在快速和大规模增长和城市化的同时，支持农村和小镇可持续发展的需求变得更加迫切。政策制定者和规划师开始认识到问题的严重性。但是，中国和韩国慢城发展的例子表明，它们各自的方法差别很大。韩国似乎更加重视小镇和村庄的原真性，支持地方文化、手工艺和传统相关的项目。中国似乎赶上了快速现代化的进程，而把小镇的文化、历史和传统置于巨大的风险之中。一些观察家批评中国的农村地区和小镇是"正在消失的世界"，很多与传统生活方式有关的方方面面正在迅速地消失。[203]

图 240　印度金奈（Chennai）附近

印度大都市周边的小镇面临着很多压力，包括安全的住房和商业基础设施的提供。

图 241　印度玛玛拉普兰（Mamallapuram）

玛玛拉普兰是印度泰米尔纳德邦（Tamil Nadu）的一个旅游小村。尽管该村因旅游获益，但还有很多非常贫困的地区。

图 239　哥斯达黎加托土盖罗村（Tortuguero）

哥斯达黎加 45% 的人口居住在小镇。

本书中的欧洲和北美小镇的教训对
新兴国家而言非常重要。欧洲和北美
的地方自治有很悠久的传统。这意味
着小镇要根据自身的需求策划和实施
项目、想法、发展目标和愿景。当然
会有更高级别政府的合作，但更高级
别的政府并不会对小镇施加巨大的影
响。这不像在中国，高级别政府仍然
对地方的实施效果有巨大的影响。中
央或者省级政府通常会引入项目到地
方层面，这样的发展是外生的，而不
是"自下而上"形成的。这就不会给
珍视、维持和保护地方生活方式留下
太多空间。实际上，新的发展往往是
制式的、现代特征的、摧毁地方传统
建筑风格和文化的。

图 242　印度玛玛拉普兰

尽管该镇位于海岸到金奈南部的旅游走廊，但是该镇仍然缺少支撑旅游业发展的必要的基础设施。

　　未来，新兴国家的小镇可持续发展
将成为更加重要和急迫的事情。提高
本地居民生活质量的努力一定要平衡
好现代化和传统生活方式的保护。显

而易见的是，在这些国家创造平衡的
增长模式对它们平和、公平的发展是
很重要的。

图 243　印度玛玛拉普兰

在印度，非正规经济非常繁荣。小镇的经济基础薄弱，通常更加依赖非正规经济。

图 244　意大利维杰瓦诺

# 11

## 结论：什么有效，什么无效

在发达国家，小镇的历史、形态和经济差别很大。这意味着经验教训的概括需要非常谨慎。同样，建议所有的小镇都要遵循"三条底线"也是幼稚的。但是，这仍是国家和国际区域政策要讨论的话题。从小镇的个体角度来看，对于长期的可持续发展有四个突出问题：

（1）维持：如何在结构化经济变化、城市化动力和模式不断变化、全球各种力量及其相互依存关系的影响等背景下维护小镇的社会文化属性。从实践的角度上，如何培育场所感、邻里感和好客感。

（2）过程：如何批判地评价走向可持续的过程是否已经完成，如何辨别3个E中冲突的类型。从实践角度上，需要制定指标体系和测量方法，对小镇中的个人和组织进行量化。

（3）社会发展：如何应对贫困和不公，确保足够的医疗设施、教育供给以及可负担住房，确保经济和社会文化下行的趋势不会侵蚀社区能力，培养用

公平和渐进的方式管理变化的能力。

（4）愿景：公民的社会价值如何改变以适应小镇在生物物理环境意义上的更加可持续。从实践角度上，如何将教育和信息类项目提供给市民，动员志愿者和企业，围绕三条底线发展小镇的战略性政策。

首先，非常明确的是自由放任、新自由主义的发展方法对于小镇的可持续是不起作用的。不断变化的技术、规模和集聚的经济逻辑、不断变化的劳动国际分工，还有公共部门的理性化，预示着小镇可持续的现实可能。甚至那些足够幸运（从就业和收入的角度）的地方，作为福特主义经济的一部分，也需要针对社区宜居性和社会福祉采用集体主义、渐进式的方法，哪怕只是为了避免增长的负面外溢和外部性。我们认为，某些形式的干预始终是必要的，以保护和提升公共利益以及维持可持续的战略方法。问题因此而来。什么形式的干预？我们认为，传统的经济发展方式（主要关注地方宣传、营销和吸引制造业等）不会起作用，因为这些方法不是可持续的。即使这些干预有时成功地创造了就业，其结果通常会将小镇转变为一个没有特色和认同的地方，一个麦当劳化的孤岛。单一目标的解决方法往往会受制于来自外部的控制，如果突然失去投资会让小镇不堪一击。区域的、国家的、国际的政策框架对于提升小镇的可持续也不是有效的。正如小镇受到学术忽视一样，它们也被排除在国际、国家和区域政策之外。这不是说政策框架是无效或者不需要的。事实上，有很多政策的选择可以用在支持小镇可持续上面。例如，针对小镇独立零售商店流失而国家、国际连

锁商店逐渐占统治地位的问题，政策的选择包括：

（1）引入"大盒子"商店的影响评估，即要求这些商店详细说明它们对社区的经济影响；

（2）引入"规划收益"的概念到零售开发的规划许可中，要求开发商要考虑本地拥有和运行的商店；

（3）要超市连锁店设定地方市场份额的限制。8%～10%的限制将排除市场力量的滥用；

（4）限制超级市场的空间规模；

（5）要求地方政府制定零售业规划，确保镇中心是主要的发展重点；

（6）成立社区土地基金，保证镇中心的关键地块为社区拥有；

（7）要求物品和服务在地方采购（至少设定最小比例）；

（8）减免本地独立零售商的地方物业税；

（9）对于特许经销商业（采用标准化服务、运营方式、装修、制服、建筑和其他特征，在视觉上与其他地区的一致），制定地方禁令或者限制。[204]

即使从表面上理解，经济活力对于任何尺度的可持续方法都是很重要的。这也是市民参与的必要前提条件。如果人们要打两三份工而没有时间，那么他们就无法提供有意义的贡献。因为可持续项目需要来自公共和私人的投资，所以经济活力也是必须的。正如我们在第6章看到的，传统的经济发展方法依赖制造业，通常通过工业园区土地和基础设施的贡献来推动。这个方法有时也可以有更加可持续的特征。制造业需要进行选择，正如澳大利亚的阿拉腊特镇（Ararat，人口8200）的循环工业园，生产风力发电机上的叶片。该镇的战略目标是成为

区域中主要的替代能源技术零件生产者。尽管这个计划把外界控制的公司带到该镇，但是它仍然致力于重视已有的公司、鼓励新的公司、为当地社区建立围绕可再生能源技术的知识基础和能力。[205]

另一个选择性吸引制造业的例子是德国的赫尔斯布鲁克（人口12500）。医疗和健身企业在该镇集聚。作为慢城成员，赫尔斯布鲁克制定了"健康区域"战略，涵盖赫尔斯布鲁克周边的13个村庄，共40000人。在这个小区域内，180家公司从事与健康有关的行业，包括一个大型的公共医疗保险公司和一个私人皮肤诊所。基于这个经济框架和佩格尼茨（Pegnitz）山谷中的自行车、徒步线路等休闲基础设施，赫尔斯布鲁克已经投资2100万欧元在政府和社会资本合作项目中，以发展新水疗项目——弗兰肯泉（Frankenalb Therme）。这个项目位于镇的东部边缘，于2004年12月开张，包括一个日间水疗、游泳浴池、桑拿、健康中心和健康食品餐厅，热量来自以木碎为燃料的锅炉。"健康区域"主题还由一个认证项目支持，包括认证没有过敏源的酒店和没有过敏源食品的餐厅。同时，该镇自身也有一个政策，即在所有市政合同中都要有不使用转基因生物的条款，包括学校餐、租给农民的城市公共土地。

其他地方可持续企业的方法主要围绕支持地方企业的更广泛尝试。一个例子是英格兰的法林登镇（Farington，人口6000），该镇是"企业门户"（the Enterprise Gateway）项目（第9章提到）的示范镇。它扶持新的和已有的企业，提供必要的基础设施。独立的非营利实体——"门户"提供办公空间（从分享的办公桌到小办公室）、免费论坛、

针对主要商务话题的短期实践工作坊。地方企业使用"门户"的方式多样：可以花一小时见客户，可以花一天时间使用联网的电脑，也可以租个办公室用上一个月。"门户"组织多种课程，从健康、安全、50岁以上人士的个体经营、出口、市场营销、互联网利用等。"门户"培养的企业有很多是信息技术领域的，也包括新媒体、市场营销、软件开发和咨询业务。[206]

英格兰的沃尔弗顿（Wolverton，人口12492）是另一个示范镇，主要侧重社会创业。该镇有一个战略联盟，包括公司、志愿者和政府机构（沃尔弗顿无限），已经发展了一个创业支持项目——创业社会顾问团体（SAGE，the Social Advisory Group for Entrepreneurs）。创业社会顾问团体由当地人士组成，他们善于提出正确的问题来挑战或扶持小企业。提交给创业社会顾问团体的想法有沃尔弗顿社区市场、"回归土地"（为社区提供空间以种植食物或者进行户外教育）、"社区再粉刷"（收集家庭多余的涂料，由慈善组织加以分类、再利用）、推广自行车使用、社区咖啡馆、社区报纸等。[207]

当然还有其他例子展示了推动小镇可持续的一些网络的潜力。英国的社区商务运动（BitC，the Business in the Community）是一个包括750多个公司成员的国家网络，从事联系商务和社区工作已有20年历史。在过去的一些年中，BitC与市场镇行动网络（the Action for Market Towns network）合作，鼓励和支持商务参与。BitC成员通过多种方法提供支持。这其中包括战略支持（提供商务规划和战略发展方面的专业指导）、技术指导（BitC成员的雇员志愿帮助地方项目从开始到

成熟）、无偿支持（例如会计、其他财务或专业问题的咨询）、咨询指导（提供商业合作伙伴作为董事或者商务方面的专业顾问）。[208]

这些例子指出了小镇可持续的一个重要的成功因素：市民和政策制定者必须积极形成对城市规划和经济发展项目的特点和特色的战略性决定。居民必须行动起来，参与其中。公司业主也需要参加。政策制定者需要认识到即便全球经济力量似乎不利于他们的时候也仍然有战略行动的空间。

# 11.1　来自新兴国家的见解

正如第10章所述，新兴国家（如中国、印度）的小镇发展对于取得城市发展平衡和地区公平非常重要。但是，这些新兴市场经济体的快速和大规模的城市化让小镇可持续陷入风险之中。小镇发展最重要的目标可能是通过提供现代化的基础设施和经济可行的生活方式留住居民，避免农村—城市人口迁移中的人口流失。另一个重要的目标应该是传统、文化、价值和遗产的保护和维护。

这两个目标经常冲突，因为农村和小镇一直奋力跟上发展的快节奏，并要应对更高级别政府或者主要关心财政收入的政府的过强控制。韩国慢城运动的案例表明，小镇可以取得这种平衡，如果它们可以赋权于居民用以开展行动和发展项目的话。当被赋权的地方居民通过有意义的方式回馈社区，那么他们想出来的点子和项目就会整合地方传统和遗产。但是，危险在于小镇发展需求的紧迫性，因为大规模的项目（通常是旅游业）承诺短期收益和成功，而其社会、经济和环

境的可持续性有限。因此新兴国家的经验在于市民参与的模式以及珍视地方历史和文化的项目。

中国的中央政府非常重视实现"和谐社会"的目标。这个目标意味着增长迅速的沿海大都市和农村（内地的农村和小镇）之间的可持续平衡。当亚洲国家正在奋力应对农村—城市迁移时，它们需要认识到小城镇在国家城市网中作为商业、文化和社会节点的历史重要性，同时它们也是城乡互动的纽带。像慢城运动这样的方法帮助强化了小镇和农村的重要性，镇村因此都有了未来的希望。

## 11.2　小城镇会有所作为吗?

所有的或者部分我们提及的小城镇计划是否会发挥作用?这些小城镇能否逆转全球变暖、社会经济不平衡、经济下行等趋势?它们能否维持甚至扩大它们的可持续成果?对于小城镇可持续有不少严重的阻碍，它们是否能够发起重要改变、逆转不可持续的趋势仍不得而知。财政的限制、国家和国际上对制定法律和法规的惰性、政治上的不情愿、经济危机，还有其他挫折仍只是为什么小镇会处于困难境地的部分原因。

但是，大量的例子以及本书提及的影响广泛的网络和合作是希望的信号。小镇可以成为合作和网络方法（采用系统的视角）的模范社区。瑞典生态社区运动源于在小镇奥维托尼（Övertoneå）居民家中客厅里的学习小组，现在全球的很多社区都使用了这个办法。类似的运动都有力量来鼓励草根行动、联系变革的促进者、创造知识转移。为了维持和加强正面的影

响，小镇需要监控和评价它们的成功。可持续指标和测量系统是一个可以让个人和组织量化和监控过程的方法。慢城的54点标准名单应是有效的可持续指标，但是还没有成功地认证一个镇。英国的克隆镇指标测量了相反的趋势。澳大利亚的"小镇：大图景"项目是一个农村镇居民参与指标创建的创新方法，也是一个联系公众参与和评估的好例子。

小镇也需要意识到变革的潜在障碍。因为它们有限的管理和财政能力会抑制大量投资，因此它们必须谨慎考虑如何资助可持续计划。网络和合作可以帮助知识转移，让小镇互相学习，而无需投资到昂贵的咨询、研究和报告上。很多小镇也可以依赖强大的志愿文化。地方商务人士和居民关心他们的镇，想要回馈。掌握好这一类人力资本将是很重要的。

## 11.3　至关重要的成功因素

从更通用的角度，或者更长远的角度，小镇可持续显然依赖基于互相交叉、互相促进的地方计划平台的方法。小镇可持续必须依赖的组合包括：

（1）建立地方比较优势；

（2）促进地方场所感（历史、文化和区域文化景观）；

（3）促进节奏和季节感；

（4）促进地方产品；

（5）促进户外活动，创造偶遇的地方和渠道以及看人来人往的地方；

（6）提升"第三场所"；

（7）精心打理镇的物质肌理（包括历史保护、改善步行接入、形成有更多树木的绿色开敞空间、更少的街道和硬质地面、汽车和停车场的整合）；

（8）促进生态友好的行为（堆肥、骑自行车等）以及投资可再生能源系统和环境敏感型基础设施（生态友好学校和幼儿园、公共交通等）；

（9）留意本地人以及新来者和游客的需求；

（10）寻找社区的社会、经济和环境基础设施长期投资的可持续方法；

（11）创造对地方可持续话题和项目的意识；

（12）让地方商务领袖、社区组织和地方政府一起参与；

（13）跟踪和测量迈向可持续的过程。

关键的要求是一致性：项目之间应该是互相补充、互相促进的。正如图21描绘的那样，可持续的三个基本维度之间有冲突甚至对立；只有当项目在代表可持续的三角区中时一致性才会出现。

整本书都在建议，"自下而上"的方法比"自上而下"的好。因此，最有效率的促进小镇可持续的办法应是互相平等的网络，在形成各自经验、资源和优先项目时可以彼此分享最好的案例。可能现在的网络中最为创新的是慢城运动。慢城宪章拥抱宜居性和社会福祉的环境、社会文化和经济维度，慢城的方法主要是帮助小镇建立一套有一致性的项目。一致性是可以达到的，因为尽管目标和项目是通过一套标准明确界定的，但是也存在内在的弹性，因为慢城原则是由不同的利益团体解释和实施的。同样，慢城框架认识到小镇的经济、生态、社会文化属性在国际、区域和地方上的差别，这提供了弹性的另一个维度。

像慢城这样的网络和运动的成功是很重要的，不仅提高了小镇自身的生活质量，而且也提高了区域和国家的福祉。在很多区域，小镇人口占总人口的比重很大，也深深整合进了区域经济和区域景观中。这样，从长远看，地域凝聚力和平衡的区域发展高度依赖小镇网络的维持，因为这个网络支持和锚定了城市区域和农村地区。

# 注 释

## 第1章

1. George Ritzer, *The Globalization of Nothing*, Thousand Oaks, CA, Pine Forge Press, 2004.
2. Walter Benjamin, "The Work of Art in the Age of Mechanical Reproduction," in: H. Zohn (trans.), *Illuminations: Essays and Reflections*, New York, Schocken, 1969 [1936], pp. 217–252.
3. Andrew Simms, "The gaudy sameness of clone towns," *New Statesman*, January 24, 2005, p. 26.
4. *Congressional Quarterly Researcher*, "Slow Food Movement," 17 (4), 2007.
5. Campaign for Real Ale: http://www.camra.org.uk/; accessed : March 6, 2013.
6. Andrew Simms, et al., *Re-imagining the High Street: Escape from Clone Town Britain*, London, New Economics Foundation, 2010.
7. Daniel Defoe, *A Tour Thro' the Whole Island of Great Britain, Divided into Circuits or Journies*, London, G. Strahan, W. Mears, R. Francklin, S. Chapman, R. Stagg, and J. Graves, 1724.
8. Winchester City Council: http://www.winchester.gov.uk/GeneralM. asp?id=SX9452-A7832FF7andcat=5808; accessed April 12, 2008.
9. David Harvey, *Spaces of Hope*, Berkeley, CA, University of California Press, 2000; see also Paul L. Knox, "Creating ordinary places: Slow cities in a fast world," *Journal of Urban Design*, 10, 2005, pp. 1–11.
10. United Nations Centre for Human Settlements (UNCHS), *Global Report on Human Settlements*, 2001, p. 38.
11. *Ibid.*, p. 4.
12. Department for Communities and Local Government, State of the English Cities, *Liveability in English Cities*, London, 2006, p. 15.
13. K. E. Stein, et al., *Community and Quality of Life*, Washington, D.C., National Academies Press, 2002, p. 32.
14. Ray Oldenburg, *The Great Good Place*, New York, Marlowe, 1999, p. 16.
15. "Last orders," *The Guardian*, March 23, 2007; http://www.guardian.co.uk/britain/article/0,,2041087,00.html; accessed March 7, 2013.
16. Scott Campbell, "Green cities, growing cities, just cities? Urban planning and the contradictions of sustainable development," *Journal of the American Planning Association*, 3, 1996, pp. 296–312.
17. World Commission on Environment and Development, *Our Common Future* (Bruntland Report), Oxford, Oxford University Press, 1987, p. 40.
18. Suzanne Vallance, "The Sustainability Imperative and Urban New Zealand. Promise and Paradox," PhD dissertation, Lincoln University, NZ, 2007.

## 第2章

19. Association for the Taxation of Financial Transactions to Aid Citizens: http://www.attac.org/?lang=en; accessed March 7, 2013.
20. The European Union's CIVITAS programme in Graz: http://www.civitas-initiative.org/city_sheet.phtml?id=29andlan=en; accessed March 7, 2013.
21. Lifestyles of Health and Sustainability: http://www.lohas.com/. Japan's Consumer Marketing Research Institute: http://www.jmrlsi.co.jp/english/index.html; accessed March 7, 2013.
22. Julie Guthman, "Fast food/organic food: Reflexive tastes and the making of 'yuppie chow'," *Social and Cultural Geography*, 4, 2003, pp. 45–58.
23. Fairtrade Labeling Organisations International: http://www.fairtrade. net/faq_links.html?andno_cache=1; accessed March 7, 2013.
24. http://www.fairtrade.org.uk/get_involved_fairtrade_towns.htm; accessed March 7, 2013.
25. Carl Honoré, *In Praise of Slowness*, San Francisco, HarperSanFrancisco, 2004, pp. 14–15.
26. Slow Food International: http://www.slowfood.com; accessed March 7, 2013.
27. Carlo Petrini, *Slow Food: The Case for Taste*, New York, Columbia University Press, 2001, p. 8.
28. Slow Food International: http://slowfood.com/international/11/biodiversity?-session=query_ession:42F942811b6b60FBF6jrk2CF8540; accessed March 20, 2013.
29. North Carolina Small Towns Initiative: http://www.ncruralcenter. org/smalltowns/initiative.htm; accessed March 7, 2013.
30. Northern Periphery Small Town Network: http://www.northernperiphery.net/main-projects. asp?intent=detailsandtheid=31; accessed March 7, 2013.
31. AlpCity programme: http://www.alpcity.it/; accessed March 7, 2013.
32. Sustaining Small Expanding Towns: http://www.susset.org/susset/ index.html; accessed March 20, 2013 .
33. World Health Organisation, Healthy Cities Programme: http://www.euro.who.int/healthy-cities; accessed March 7, 2013.
34. Mark Roseland, "Dimensions of the eco-city," *Cities*, 14, 1997, pp. 197–202.
35. Town of Okotoks: http://www.okotoks.ca/; accessed March 7, 2013.
36. Dongtan Eco-City: http://www.worldarchitecturenews.com/index.php?fuseaction=wanappln.projectview&upload_id=2137; accessed March 20, 2013.
37. Masdar's zero-carbon city: http://www.masdar.ae/en/#masdar; accessed March 20, 2013.
38. Ministry of Economy, Trade and Industry, *Eco-Towns in Japan. Implications and Lessons for Developing Countries and Cities*. Osaka, Global Environment Centre Foundation, 2005.
39. See http://www.transitionnetwork.org/; accessed March 20, 2013.
40. Lebensqualität durch Nähe: http://www.lqn-info.de/neu/startseite. php; accessed March20, 2013.
41. Action for Market Towns: http://www.towns.org.uk/index.php; accessed March 7, 2013.
42. Beacon Towns: http://mt.net.countryside.gov.uk/cgi-bin/item. cgi?id=2840andd=11andh=24andf=46anddateformat=%25o%20%25B%20%25Y; accessed April 12, 2008.
43. Heike Mayer and Paul L. Knox, "Slow cities: Sustainable places in a fast world," *Journal of Urban Affairs*, 28, 2006, pp. 321–334; Heike Mayer and Paul L. Knox, "Pace of Life and Quality of Life: The Slow City Charter," in: Joseph Sirgy, Rhonda Phillips, and Don Rahtz (eds.), *Community Quality-of-Life Indicators: Best Cases III*, Blacksburg, VA, International Society for Quality-of-Life Studies, 2007, pp. 20–39.
44. Hydrogen Cities Charter: http://www.foet.org/ongoing/hydrogen-orvieto.html; accessed March 7, 2013.

## 第3章

45. Sarah James and T. Lahti, *The Natural Step for Communities: How Cities and Towns Can Change to Sustainable Practices*, Gabriola Island, BC, New Society Publishers, 2004.
46. *Ibid.*, p. 24; see also American Planning Association, Policy Guide on Planning for Sustainability, 2000: http://www.planning.org/policy/guides/pdf/sustainability.pdf; accessed March 20, 2013.
47. Scott Campbell, "Green cities, growing cities, just cities? Urban

planning and the contradictions of sustainable development," *Journal of the American Planning Association*, 3, 1996, pp. 296–312.

48. Mark Martin, "Small town, global issues: Climate change, energy costs at the heart of utility district's vote on coal-fired power," *San Francisco Chronicle*, December 10, 2006, p. B-1.

49. Jenna Russell, "Clothesline rule creates flap," *The Boston Globe*, March 13, 2008.

50. William Yardley, "Victim of climate change, a town seeks a lifeline," *The New York Times*, May 27, 2007.

51. Intergovernmental Panel on Climate Change, Climate Change 2007: Synthesis Report, 2007; accessed March 7, 2013 from http://www.ipcc.ch/pdf/assessment-report/ar4/syr/ar4_syr.pdf

52. Eric Schlosser, *Fast Food Nation: The Dark Side of the All-American Meal*, New York, Houghton Mifflin, 2002.

53. United Nations Human Settlements Programme, "Kenya Small Towns: Mobilizing Voluntary and Community Action for Environmental Planning and Management," 2008; accessed March 20, 2013 from http://ww2.unhabitat.org/programmes/uef/cities/summary/kenyasma.htm.

54. Dolores Hayden and J. Wark, *A Field Guide to Sprawl*, New York, W. W. Norton, 2004, p. 56.

55. Tegan K. Boehmer, S. L. Lovegreen, D. Haire-Joshu, and R. C. Brownson, "What constitutes an obesogenic environment in rural communities?" *American Journal of Health Promotion*, 20, 2006, pp. 411–421.

56. James and Lahti, *The Natural Step, op.cit.*, p. 30.

57. Heather Voisey, C. Beuermann, L. A. Sverdrup, and T. O'Riordan, "The political significance of Local Agenda 21: The early stages of some European experience," *Local Environment*, 1, 1996, pp. 33–50.

58. John Bailey, "Lessons from the pioneers: Tackling global warming at the local level," 2007, p. 4; accessed March 20, 2013 from http://www.ilsr.org/lessons-pioneers-tacklingglobal-warming-local-level/

59. See http://www.usmayors.org/climateprotection/list.asp; accessed March 20, 2013.

60. Bailey, "Lessons from the pioneers," *op.cit.*

61. James and Lahti, *The Natural Step, op.cit.*

62. See SEkom: http://www.sekom.nu/index.php/in-english; accessed March 20, 2013.

63. James and Lahti, *The Natural Step, op.cit.*.

64. Robertsfors Kommun, "Robertsfors municipality: Sustainable development plan for the Robertsfors municipality," 2005, p. 24; accessed March 28, 2008 from http://www.esam.se/ images/stories/pdf/robertsfors_sustainable_development_ plan_2005.pdf

65. For more information about ECOLUP, see http://www.ecolup.info/docs/indexeco.asp?id=7207anddomid=629andsp=Ean dad dlastid=andm1=7205andm2=7207; accessed April 12, 2008.

66. M. Reichenbach-Klinke, "Das Experiment von Fraunberg," *deutsche bauzeitung*, 05, 2007, pp. 32–34.

67. Werkstatt Stadt, "Ökologische Neubausiedlung: Viernheim "Am Schmittsberg," 2007; accessed March 18, 2013 from http://www.werkstatt-stadt.de/ipros/03_suche/drucken.php?projekt=81

68. Beth Daley, "Small N.H. city takes on global warming challenge," *The Boston Globe*, December 16, 2007.

69. Peter Newman and I. Jennings, *Cities as Sustainable Ecosystems: Principles and Practices*, Washington, D.C., Island Press, 2008.

### 第4章

70. Paul L. Knox, "Creating ordinary places: Slow cities in a fast world," *Journal of Urban Design*, 10, 2005, pp. 1–11.

71. Mark Girouard, *Cities and People. A Social and Architectural History*, New Haven, CT, Yale University Press, 1985, p. 69.

72. William Cronon, *Nature's Metropolis: Chicago and the Great West*, New York, W. W. Norton, 1991.

73. Paul L. Knox and Linda McCarthy, *Urbanization*, Upper Saddle River, NJ, Prentice Hall, 2005.

74. Martin Heidegger, *Poetry, Language, Thought*, New York, Harper and Row, 1971.

75. Christian Norberg-Schulz, *Genius Loci: Towards a Phenomenology of Architecture*, New York, Rizzoli, 1980.

76. Peter Madsen and R. Plunz, (eds.), *The Urban Lifeworld. Formation, Perception, Representation, London*, Spon Press, 2001.

77. Raymond Williams, *The City and the Country*, London, Chatto and Windus, 1973.

78. Knox, "Creating ordinary places."

79. Kathleen E. Stein, et al., *Community and Quality of Life*, Washington, D.C., National Academies Press, 2002.

80. Robert Sack, *Homo Geographicus*. Baltimore, Johns Hopkins University Press, 1997, p. 10.

81. H. V. Morton, *A Traveler in Italy*, New York, Dodd, Mead, 1964, p. 527.

82. *Ibid*, p. 164.

83. This is the subject of structuration theory. See Anthony Giddens, *Central Problems in Social Theory*, London, Macmillan, 1979; Anthony Giddens, *The Constitution of Society*: *Outline of the Theory of Structuration*, Cambridge, UK, Polity Press, 1984; Anthony Giddens, *Modernity and Self Identity: Self and Society in the Late Modern Age*, Cambridge, UK, Polity Press, 1991; and C. G. A. Bryant and D. Jary (eds.), *Giddens's Theory of Structuration: A Critical Appreciation*, London, Routledge, 1991.

84. Giddens, *Constitution of Society, op.cit.*

85. Elizabeth Wilson, "The rhetoric of urban space," *New Left Review,* 209, 1995, p. 151.

86. Virginia Postrel, *The Substance of Style,* New York, HarperCollins, 2003, pp. 110–111.

87. B. Joseph Pine and James Gilmore, *The Experience Economy*, Boston, Harvard Business School Press, 1999; James Gilmore and B. Joseph Pine, *Authenticity: What Consumers Really Want,* Boston, Harvard Business School Press, 2007.

### 第5章

88. International Making Cities Livable: http://www.livablecities.org/; accessed March 18, 2013.

89. Kevin Lynch, *Image of the City,* Cambridge, MA, MIT Press, 1960; Christopher Alexander, *A Pattern Language: Towns, Buildings, Construction,* New York, Oxford University Press, 1977; Christopher Alexander, *The Timeless Way of Building,* New York, Oxford University Press, 1979.

90. Robert Delevoy, quoted in Nan Ellin, *Postmodern Urbanism,* Oxford, Blackwell, 1996, p. 10.

91. Ferdinand Tönies argued that two basic forms of human association could be recognised in all cultural systems (Tönies, *Community and Society,* 1887). The first of these, *Gemeinschaft,* he related to an earlier period in which the basic unit of organisation was the family or kin-group, with social relationships characterised by depth, continuity, cohesion, and fulfillment. The second, *Gesellschaft,* was seen as the product of urbanisation and industrialisation that resulted in social and economic relationships based on rationality, efficiency, and contractual obligations among individuals whose roles had become specialised. See also Chapter 7, p. 134.

92. Bernard Rudofsky, *Architecture Without Architects. An Introduction to Non-Pedigreed Architecture,* New York, Museum of Modern Art, 1964.

93. Jacques Ribaud, quoted in Ellin, *Postmodern Urbanism,* p. 31.

94. Colin Rowe, "Collage city," *Architectural Review,* August 1975, pp. 65–91.

95. Quoted in Bernard Tschumi, *Architecture and Disjunction,* Cambridge, MA, MIT Press, 1994, p. 227

96. Paul L. Knox, *Metroburbia, USA,* New Brunswick, NJ, Rutgers University Press, 2008.

97. Peter Katz (eds.), *The New Urbanism: Toward an Architecture of Community,* New York, McGraw-Hill, 1994.

98. Knox, *Metroburbia*; David Harvey, "The new urbanism and the communitarian trap: On social problems and the false hope of design," *Harvard Design Magazine,* Winter/Spring, 1997, pp. 68–69; Paul W. Clarke, "The ideal of community and its counterfeit construction," *Journal of Architectural Education,* 58, 2005, p. 44.

99. Richard Sennett, "The Search for a Place in the World," in: Nan Ellen (ed.), *Architecture of Fear,* New York, Princeton Architectural Press, 1997, pp. 61–72.

100. Mark Hinshaw, "The case for true urbanism," *Planning,* June 2005, pp. 26–27.

101. Mathew Carmona, Tim Heath, Taner Oc, and Steve Tiesdell, *Public Places, Urban Spaces. The Dimensions of Urban Design,* Oxford, Architectural Press, 2003, p. 7.

102. Rob Krier and Christoph Kohl, *The Making of a Town: Potsdam Kirchsteigfeld,* London, Papadakis Publishing, 1999.

103. Kathleen James-Chakraborty, "Kirchsteigfeld – A European perspective on the construction of community," *Places,* 14, 2001, p. 60.

104. Ludger Basten, "Perceptions of urban space in the periphery: Potsdam's Kirchsteigfeld," *Tijdschrift voor Economische en Sociale Geografie,* 95, 2004, p. 96.

105. Nan Ellin, *Integral Urbanism,* London, Routledge, 2006, p. 7.

106. Edward Relph, "Temporality and the Rhythms of Sustainable Landscapes," in: Tom Mels (ed.), *Reanimating Places. A Geography of Rhythms,* Aldershot, UK, Ashgate, 2004, p. 113.

107. See, for example, Scottish Government, Planning in Small Towns. Planning Advice Note 52, 1997; http://www.scotland.gov.uk/Publications/1997/04/pan52; accessed March 18, 2013.

108. Gordon Cullen, *Townscape,* London, Architectural Press, 1961.

109. Edmund Bacon, *Design of Cities,* New York, Penguin, 1974.

110. Peter Smith, "Urban Aesthetics," in: B. Mikellides (ed.), *Architecture and People,* London, Studio Vista, 1980, pp. 74–86.

111. Pierre Von Meiss, *Elements of Architecture: From Form to Place,* London, E and FN Spon, 1990.

112. Stephen Owen, "Classic English hill towns: Ways of looking at the external appearance of settlements," *Journal of Urban Design,* 12, 2007, p. 110.

113. Paul Zucker, *Town and Square. From the Agora to Village Green,* New York, Columbia University Press, 1959.

114. Jan Gehl, *Life Between Buildings. Using Public Space,* 3rd edition, Copenhagen, Arkitektens Forlag, 1996, p. 131.

115. *Ibid.,* p. 24.

116. *Ibid.,* p. 23.

## 第6章

117. Centre for Community Enterprise. Expertise and Resources for Community Economic Development, 2008; January 21, 2008 from http://www.cedworks.com/index.html

118. George A. Erickcek and H. McKinney, "'Small cities blues:' Looking for growth factors in small and medium-sized cities," *Economic Development Quarterly,* 20, 2006, pp. 232–258.

119. See http://www.ers.usda.gov/publications/EIB4/EIB4_lowres.pdf, accessed March 18, 2013.

120. Martin Fackler, "In Japan, rural economies wane as cities thrive," *The New York Times,* December 5, 2007.

121. Andrew Simms, Petra Kjell, and Ruth Potts, *Clone Town Britain,* London, New Economics Foundation, 2005; Andrew Simms, et al., *Re-imagining the High Street: Escape from Clone Town Britain,* London, New Economics Foundation, 2010.

122. See, for example, Paul E. Peterson, *City Limits,* Chicago, Chicago University Press, 1981. Also, J. Logan and H. Molotch, *Urban Fortunes: The Political Economy of Place,* Berkeley, CA, University of California Press, 1988; and D. Imbroscio, *Reconstructing City Politics: Alternative Economic Development and Urban Regimes,* Thousand Oaks, CA, Sage, 1997.

123. Jonathan Davies, "Can't hedgehogs be foxes, too? Reply to Clarence N. Stone," *Journal of Urban Affairs,* 26, 2004, pp. 27–33.

124. David Bell and Mark Jayne, *Small Cities: Urban Experience Beyond the Metropolis,* Abingdon, UK, Routledge, 2006, p. 2.

125. George Ritzer, "Islands of the living dead: The social geography of McDonaldization," *American Behavioral Scientist,* 47, 2003, pp. 119–136.

126. David Imbroscio, *Reconstructing City Politics,* Thousand Oaks, CA, Sage, 1997.

127. Bill McKibben, *Deep Economy: The Wealth of Communities and the Durable Future,* New York, Times Books, 2007, p. 2.

128. John P. Kretzmann and J. McKnight, *Building Communities from the Inside Out: A Path toward Finding and Mobilizing a Community's Asset,* Evanston, IL, Northwestern University, Center for Urban Affairs and Policy Research, 1993, p. 25.

129. Bell and Jayne, *Small Cities, op.cit.,* pp. 1–18.

130. *Ibid.,* p. 6.

131. Ash Amin, A. Cameron, and R. Hudson, "The Alterity of the Social Economy," in: Andrew Leyshon, R. Lee, and C. Williams (eds.), *Alternative Economic Spaces,* London, Sage Publications, 2003, p. 36.

132. See http://ec.europa.eu/enterprise/entrepreneurship/crafts.htm; accessed March 18, 2013.

133. See http://www.craft3.org/About; accessed March 18, 2013.

134. Andreas Otto, "Downtown Retailing and Revitalization of Small Cities: Lessons from Chillicothe and Mount Vernon, Ohio," in: B. Ofori-Amoah (ed.), *Beyond the Metropolis: Urban Geography As If Small Cities Mattered,* Lanham, MD, University Press of America, 2007, pp. 245–268.

135. Dennis Rondinelli, "Towns and small cities in developing countries," *Geographical Review,* 73, 1983, p. 387.

136. Jane Jacobs, *The Economy of Cities,* London, Penguin Books, 1969.

## 第7章

137. Michael Polanyi, *Personal Knowledge: Towards a Post-Critical Philosophy,* Chicago, University of Chicago Press, 1962, p. 210.

138. *Ibid.,* p. 211.

139. Ivan Illich, *Tools for Conviviality,* Berkeley, CA, Heyday Books, 1973, p. 11.

140. *Ibid.,* p. 12.

141. Monica Hesse, "You can take it with you: Marketing to those on the go," *The Washington Post,* September 5, 2007, p. C01.

142. Katherine L. Cason, "Family mealtimes: More than just eating together," *Journal of American Dietetic Association,* 106, 2006, pp. 532–533.

143. Marktforschungs- und Beratungsinstitut psychonomics AG, "Zwischen Hamburgern und Frankfurtern – Eine Typologie von Fastfood-Nutzern," 2007; accessed February 26, 2008 from http://www.psychonomics.de/ fastfood-studie-psychonomics.pdf

144. Jane Jacobs, *The Death and Life of Great American Cities,* New York, Vintage Books, 1961.

145. See http://www.pageflakes.com/buzzoffcampaign; accessed March 18, 2013.
146. Ferdinand Tönies, *Gemeinschaft und Gesellschaft. Grundbegriffe der reinen Soziologie*, Darmstadt: Wissenschaftliche Buchgesellschaft, 2005 [1887].
147. William G. Flanagan, *Urban Sociology: Images and Structure*, 2nd ed., Boston, Allyn and Bacon, 1995, p. 45.
148. Louis Wirth, "Urbanism as a way of life," *The American Journal of Sociology*, 44, 1938, pp. 1–24.
149. Barry Wellman and B. Leighton, "Networks, neighborhoods, and communities: Approaches to the study of the community question," *Urban Affairs Quarterly*, 14, 1979, pp. 363–390.
150. Robert D. Putnam, *Bowling Alone: The Collapse and Revival of American Community*, New York, Simon and Schuster, 2000, p. 19.
151. *Ibid.*
152. Cornelia Flora Butler and Jan Flora, *Rural Communities: Legacy and Change*, Boulder, CO, Westview Press, 1992.
153. *Ibid.*, p. 65.
154. Hersbruck is also described in Heike Mayer and P. L. Knox, "Slow cities: Sustainable places in a fast world," *Journal of Urban Affairs*, 28, 2006, pp. 321–334.
155. See http://www.a-e-r.org/de/presse/2007/2007032201.html; accessed March 18, 2013.
156. See http://www.sextantio.it/macro.asp?id=3andlg=en; accessed March 18, 2013.
157. Susan Clifford and A. King, "Losing Your Place," in: S. Clifford and A. King (eds.), *Local Distinctiveness: Place, Particularity and Identity*, London, Common Ground, 1993, p. 14.
158. *Ibid.*, p. 15.
159. Carlo Petrini, *Slow Food Nation: Why Our Food Should Be Good, Clean, and Fair*, New York, Rizzoli, 2005, p. 165.
160. *Ibid.*, p. 166.
161. Mindi L. Schneider and C. A. Francis, "Marketing locally produced foods: Consumer and farmer opinions in Washington County, Nebraska," *Renewable Agriculture and Food Systems*, 20, 2005, pp. 252–260.
162. Maria Fonte, "Slow Food's Presidia: What do small producers do with big retailers?" 2005; accessed March 18, 2013 from http://www.rimisp.org/FCKeditor/UserFiles/File/documentos/docs/pdf/0496-003721-fontemariaslowfoodspresidia.pdf
163. Ulrich Beck, *Was ist Globalisierung?* Frankfurt a. M., Suhrkamp Verlag, 1997.

第8章

164. Allen Eaton, *Handicrafts of the Southern Highlands*, New York, Russell Sage Foundation, 1937; M. Patten, *The Arts Workshops of Rural America*, New York, Columbia University Press, 1936; E. White, *Highland Heritage*, New York, Friendship Press, 1937.
165. Carlo Cuesta, D. Gillespie, and L. Padraic, "Bright stars: Charting the impact of the arts in rural Minnesota," 2005; accessed March 18, 2013 from http://www.mcknight.org/stream_document.aspx?rRID=3169andpRID=3168
166. B. Joseph Pine and James Gilmore, *The Experience Economy*, Boston, Harvard Business School Press, 1999; R. Florida, *The Rise of the Creative Class and How It's Transforming Work, Leisure, Community and Everyday Life*, New York, Basic Books, 2002.
167. Charles Landry, *The Creative City: A Toolkit for Urban Innovators*, London, Earthscan Publications, 2000, p. 6.
168. Jeremy Nowak, "Creativity and neighborhood development: Strategies for community investment," 2007, p. 1; accessed March 18, 2013 from http://www.trfund.com/resource/downloads/creativity/creativity_neighborhood_dev.pdf
169. Ann Markusen and Amanda Johnson, "Artists' centers: Evolution and impact on careers, neighborhoods and economies," 2006, p. 92; accessed March 18, 2013 from http://www.hhh. umn.edu/img/assets/6158/artists_centers.pdf
170. Charles Landry, *Culture at the Heart of Transformation: Swiss Agency for Development and Cooperation (SDC) and the Arts Council of Switzerland*, Zurich, Pro Helvetia, 2006.
171. Landry, *Creative City*; Florida, *The Rise of the reative Class*; P. Wood and C. Taylor, "Big ideas for a small town: The Huddersfield creative town initiative," *Local Economy*, 19, 2004, pp. 380–395.
172. Maureen Rogers, "Social sustainability and the art of engagement-the Small towns: Big picture experience," *Local Environment*, 10, 2005, pp. 109–124.
173. Florida, *The Rise of the Creative Class*.
174. Ron Boschma and M. Fritsch, "Creative class and regional growth: Empirical evidence from eight European countries," *Economic Geography*, 85, 2009, pp. 391-423. The eight countries studied were Denmark, Finland, Germany, Netherlands, Norway, Sweden, Switzerland, and the United Kingdom.
175. Christopher Dreher, "Be creative or die," 2002; accessed March 18, 2013 from http://dir.salon.com/story/books/int/2002/06/06/florida/index.html
176. Jamie Peck, "Struggling with the creative class," *International Journal of Urban and Regional Research*, 29, 2005, pp. 740–770.
177. Allen Scott, "Creative cities: Conceptual issues and policy questions," *Journal of Urban Affairs*, 28, 2006, pp. 1–17.
178. For more information, see http://www.european-creative-industries. eu/; accessed March 18, 2013.
179. Roger Diener, J. Herzog, M. Meili, P. de Meuron, and C. Schmid, *Die Schweiz – ein städtebauliches Portrait*. Basel, Boston, Berlin, Birkhäser, 2006.
180. David McGranahan and T. Wojan, "Recasting the creative class to examine growth processes in rural and urban counties," *Regional Studies*, 41, 2007, pp. 197–216.
181. David McGranahan and T. Wojan, "The creative class: A key to rural growth," 2007, p. 21; accessed March 18, 2013 from http://webarchives.cdlib.org/sw1vh5dg3r/http://ers.usda.gov/
182. Pamela Podger, "With bold museum, a Virginia city aims for visibility," *The New York Times*, December 29, 2007; accessed March 18, 2013 from http://www.nytimes.com/2007/12/29/us/29roanoke.html?ref=arts
183. Ann Markusen, "Cultural planning and the creative city," paper presented at the annual meeting of the American Collegiate Schools of Planning, Cincinnati, 2006.
184. Edward Relph, *The Modern Urban Landscape*, Baltimore, The Johns Hopkins University Press, 1987.

第9章

185. Andrew Simms, J. Oram, A. MacGillivray, and J. Drury, *Ghost Town Britain*, London, New Economics Foundation, 2002; J. Oram, M. Conisbee, and A. Simms, *Ghost Town Britain II: Death on the High Street*, London, New Economics Foundation, 2003.
186. David Harvey, *Social Justice and the City*, London, Arnold, 1973.
187. Market Towns Team, *Beacon Town: Newmarket, Suffolk*, Cheltenham, The Countryside Agency, 2005.
188. Andrew Isserman, E. Feser, and D. Warren, "Why some rural communities prosper while others do not," 2007; accessed March 18, 2013 from http://extension.missouri.edu/ceed/reports/WhyRuralCommunitiesProsperIsserman.pdf
189. Mark Steil, "Small town pharmacies struggle," March 28, 2008; accessed March 18, 2013 from http://minnesota.publicradio.org/display/web/2008/03/24/

pharmacy/?rsssource=1

190. John Fitzgerald, "A chilling call to St. Paul: School superintendents speak out about Minnesota's failed funding system," 2008; accessed March 18, 2013 from http://www.mn2020.org/assets/uploads/article/supsurvey.pdf

191. For the top 100 communities in 2010, see http://www.americaspromise.org/About-the-Alliance/Press-Room/100-Best-Press-Materials.aspx; accessed March 18, 2013.

192. Andrew Hargreaves, "Building communities of place: Habitual movement around significant places," *Journal of Housing and the Built Environment*, 19, 2004, p. 46.

193. Institute for Criminal Policy Research, *Anti-Social Behaviour Strategies: Finding a Balance*, Bristol, UK, The Policy Press for the Joseph Rowntree Foundation, 2005.

194. Market Towns Team, *Beacon Town: Thirsk, North Yorkshire,* Cheltenham, The Countryside Agency, 2005.

195. Market Towns Team, *Beacon Town: Faringdon, Oxfordshire,* Cheltenham, The Countryside Agency, 2005.

196. Robert D. Putnam, "The prosperous community: Social capital and public life," *The American Prospect*, 13, 1993, pp. 35–42.

## 第10章

197. David Satterthwaite, *Outside the large cities: The demographic importance of small urban centres and large villages in Africa, Asia and Latin America.* London, UK: International Institute for Environment and Development, 2006.

198. Bingqin Li and Xiangsheng An, *Migration and small towns in China: Power hierarchy and resource allocation.* International Institute for Environment and Development (IIED), Human Settlements Group, 2009.

199. Laurence Ma and Ming Fan, (1994). Urbanisation from below: The growth of towns in Jiangsu, China. *Urban Studies*, 31, 1994, pp. 1625-1645.

200. Hualou Long, Yansui Liu, Xiuqin Wu, and Guihua Dong, Spatio-temporal dynamic patterns of farmland and rural settlments in Su-Xi-Chang region: Implications for building a new countryside in coastal China. *Land Use Policy*, 26, 2009, pp. 322-333.

201. Li and An, *Migration and small towns in China, op. cit.*

202. Mike Douglass, *The Saemaul Undong: South Korea`s rural development miracle in historical perspective.* Singapore: National University of Singapore, 2013.

203. Matthias Messmer and Hsin-Mei Chuang, *China`s vanishing worlds: Countryside, traditions and cultural spaces.* Bern: Bentili Verlag, 2012.

## 第11章

204. Andrew Simms, P. Kjell, and R. Potts, *Clone Town Britain*, London, New Economics Foundation, 2005.

205. Maureen Rogers and R. Walker, "Sustainable enterprise creation: Making a difference in rural Australia and beyond," *International Journal of Environmental, Cultural, Economic and Social Sustainability*, 1, 2005, pp 1–9. Available online at http://www.latrobe.edu.au/csrc/publications/sustEnterprise.pdf; accessed March 18, 2013.

206. Market Towns Team, *Beacon Town: Faringdon, Oxfordshire,* Cheltenham, The Countryside Agency, 2005.

207. Market Towns Team, *Beacon Town: Wolverton, Milton Keynes,* Cheltenham, The Countryside Agency, 2005.

208. Market Towns Team, *Beacon Towns: The Story Continues,* Cheltenham, The Countryside Agency, 2005.

# 主要参考文献

**Agger, Ben**, *Speeding Up Fast Capitalism: Cultures, Jobs, Families, Schools, Bodies*, Boulder, CO, Paradigm Publishers, 2004.

**Andrews, Cecile**, *Slow Is Beautiful: New Visions of Community, Leisure, and Joie de Vivre*, London, New Society, 2006.

**Ayegman, Julian**, *Sustainable Communities and the Challenge of Environmental Justice*, New York, NYU Press, 2005.

**Barrientos, Stephanie** and **Catherine Dolan** (eds.), *Ethical Sourcing in the Global Food System*, London, Earthscan, 2006.

**Beatley, Timothy**, *Green Urbanism: Learning from European Cities*, Washington, D.C., Island Press, 2000.

**Beatley, Timothy**, *Native to Nowhere: Sustaining Home and Community in a Global Age*, Washington, D.C., Island Press, 2004.

**Beck, Ulrich**, *Risikogesellschaft: Auf dem Weg in eine andere Moderne*, Frankfurt a. M., Suhrkamp Verlag, 1986.

**Beck, Ulrich**, *Was ist Globalisierung?* Frankfurt a. M., Suhrkamp Verlag, 1997.

**Beck, Ulrich**, *Cosmopolitan Vision*, Cambridge, UK, Polity Press, 2006.

**Beck, Ulrich**, **Giddens, Anthony**, and **Scott Lash**, *Reflexive Modernisierung: Eine Kontroverse*, Frankfurt a. M., Suhrkamp Verlag, 1996.

**Bell, David** and **Mark Jayne**, *Small Cities: Urban Experience Beyond the Metropolis*, New York, Routledge, 2006.

**Bell, David** and **Gill Valentine**, *Consuming Geographies. We Are Where We Eat*, London, Routledge, 1997.

**Benedikt, Michael**, "Reality and authenticity in the experience economy," *Architectural Record*, 189, 2001, pp. 84–85.

**Berce-Bratko, Branka**, *Can Small Urban Communities Survive?* Burlington, VT, Ashgate, 2001.

**Breheny, Michael**, "Counter-urbanisation and Sustainable Urban Forms," in: J. Brotchie, E. Blakely, P. Hall, and P. Newton (eds.), *Cities in Competition*, Melbourne, Longman Australia, 1995.

**Brennan, David** and **Lorman Lundsten**, "Impacts of large discount stores on small US towns: Reasons for shopping and retailer strategies," *International Journal of Retail and Distribution Management*, 28, 2000, pp. 155–161.

**Campbell, Scott**, "Planning: Green Cities, Growing Cities, Just Cities," in: D. Satterthwaite (ed.), *Sustainable Cities*, London, Earthscan, 1999, pp. 251–273.

**Daniels, Thomas**, "Small town economic development: Growth or survival?" *Journal of Planning Literature*, 4, 1989, pp. 413–429.

**Davidson, Sharon** and **Amy Rummel**, "Retail changes associated with Wal-Mart's entry into Maine," *International Journal of Retail and Distribution Management*, 28, 2000, pp. 162–169.

**Duany, Andres** and **Elizabeth Plater-Zyberk**, "The second coming of the American small town," *Wilson Quarterly*, 16, 1992, pp. 3–51.

**Eriksen, Thomas**, *Tyranny of the Moment: Fast and Slow Time in the Information Age*, London, Pluto Press, 2001.

**Evans, Peter**, *Livable Cities: Urban Struggles for Livelihood and Sustainability*, Berkeley, CA, University of California Press, 2002.

**Flora, Cornelia Butler** and **Jan Flora**, *Rural Communities: Legacy and Change*, Boulder, CO, Westview Press, 1992.

**Garhammer, Manfred**, "Pace of life and enjoyment of life," *Journal of Happiness Studies*, 3, 2002, pp. 217–256.

**Garrett-Petts, W. F.**, *The Small Cities Book: On the Cultural Future of Small Cities*, Vancouver, BC, New Star Books, 2005.

**Gaytan, Marie**, "Globalizing resistance: Slow food and new local imaginaries," *Food, Culture, and Society*, 7, 2004, pp. 97–116.

**Gehl, Jan**, *Life Between Buildings: Using Public Space*, Copenhagen, Arkitektens Forlag, 1996.

**Gleick, James**, *Faster: The Acceleration of Just About Everything*, New York, Pantheon Books, 1999.

**Goldsmith, Edward** and **Jerry Mander** (eds.), *The Case Against the Global Economy and a Turn Towards Localization*, London, Earthscan, 2001.

**Goodno, James**, "Pitching in: Some small towns are going into the retail business," *Planning*, April, 2005, pp. 40–41.

**Gräf, Holger**, *Kleine Städte im neuzeitlichen Europa*, Berlin, Berliner Wissenschafts-Verlag, 2000.

**Greenberg, Michael**, "Neighborhoods: Slow places in a fast world?" *Society*, 38, 2000, pp. 28–32.

**Guy, Clifford**, "Outshopping from small towns," *International Journal of Retail and Distribution Management*, 1, 1990, pp. 3–14.

**Hallsmith, Gwendolyn**, *The Key to Sustainable Cities: Meeting Human Needs, Transforming Community Systems,* London, New Society Publishers, 2003.

**Hallsworth, Alan** and **Steve Worthington**, "Local resistance to larger retailers: The example of market towns and the food superstore in the UK," *International Journal of Retail and*

*Distribution Management*, 28, 2000, pp. 207–216.

**Hibbard, Michael** and **Lori Davis**, "When the going gets tough: Economic reality and the cultural myths of small-town America," *Journal of the American Planning Association*, 52, 1986, pp. 419–428.

**Illich, Ivan**, *Tools for Conviviality*, Berkeley, CA, Heyday Books, 1973.

**Jacobs, Jane**, *The Death and Life of Great American Cities*, New York, Vintage Books, 1961.

**Jacobs, Jane**, *The Economy of Cities*, London, Penguin Books, 1969.

**James, Sarah** and **Torbjörn Lahti**, *The Natural Step for Communities: How Cities and Towns Can Change to Sustainable Practices*, Gabriola Island, BC, New Society Publishers, 2004.

**Jenks, Mike** and **Nicola Dempsey** (eds.), *Future Forms and Design for Sustainable Cities*, London, Architectural Press, 2005.

**Knox, Paul**, "Creating Ordinary Places: Slow Cities in a Fast World," *Journal of Urban Design*, 10, 2005, pp. 3-13.

**Knox, Paul** and **Heike Mayer**, "Europe's internal periphery. Small towns in the context of reflexive polycentricity", in *The Cultural Political Economy of Small Cities*, Bas van Heur and Anne Lorentzen (eds.), London: Routledge, 2011, pp. 142-157.

**Kretzmann, John** and **John McKnight**, *Building Communities from the Inside Out: A Path toward Finding and Mobilizing a Community's Asset*, Evanston, IL, Northwestern University, Center for Urban Affairs and Policy Research, 1993.

**Labrianidis, Lois**, *The Future of Europe's Rural Peripheries*, Aldershot, Hampshire, UK, Ashgate, 2004.

**Lafferty, William** (ed.), *Sustainable Communities in Europe*, London, Earthscan, 2001.

**Landry, Charles**, *The Creative City: A Toolkit for Urban Innovators*, London, Earthscan, 2000.

**Levine, Robert** and **Ara Norenzayan**, "The pace of life in 31 countries," *Journal of Cross-Cultural Psychology*, 30, 1999, pp. 178–205.

**Leyshon, Andrew**, **Lee, Roger**, and **Colin C. Williams**, *Alternative Economic Spaces*, London, Sage Publications, 2003.

**Li, Bingqin** and **Xiangsheng An**, *Migration and small towns in China: Power hierarchy and resource allocation*, International Institute for Environment and Development (IIED), Human Settlements Group, 2009.

**Markusen, Ann** and **Amanda Johnson**, "Artists' centers: Evolution and impact on careers, neighborhoods and economies", 2006, retrieved March 13, 2008, from http:// www. hhh.umn.edu/img/assets/6158/artists_centers.pdf

**Mayer, Heike** and **Paul L. Knox**, "Small town sustainability: prospects in the second modernity," *European Planning Journal*, 18, 2010, pp. 1545-1565.

**Mayer, Heike** and **Paul L. Knox**, "Slow Cities: Sustainable Places in a Fast World" *Journal of Urban Affairs*, 28, 2006, pp. 321-334.

**McKibben, Bill**, *Deep Economy: The Wealth of Communities and the Durable Future*, New York, Times Books, 2007.

**Mels, Tom** (ed.), *Reanimating Places. A Geography of Rhythms*, Burlington, VT, Ashgate, 2004.

**Messmer, Matthias** and **Hsin-Mei Chuang**, *China`s vanishing worlds: Countryside, traditions and cultural spaces*. Bern: Bentili Verlag, 2012.

**Newman, Peter** and **Isabella Jennings**, *Cities as Sustainable Ecosystems: Principles and Practices*, Washington, D.C., Island Press, 2008.

**Nijkamp, Peter** and **Adriaan Perrels**, *Sustainable Cities in Europe*, London, Earthscan, 1994.

**Ofori-Amoah, Benjamin**, *Beyond the Metropolis: Urban Geography as if Small Cities Mattered*, Lanham, MD, University Press of America, 2007.

**O'Riordan, Timothy**, *Globalism, Localism, and Identity*, London, Earthscan, 2001.

**Owen, Stephen**, "Classic English hill towns: Ways of looking at the external appearance of settlements," *Journal of Urban Design*, 12, 2007, pp. 93–116.

**Pacione, Michael**, "Urban livability: A review," *Urban Geography*, 11, 1990, pp. 1–30.

**Pal, John** and **Emma Sanders**, "Measuring the effectiveness of town centre management schemes: An exploratory framework," *International Journal of Retail and Distribution Management*, 25, 1997, pp. 70–77.

**Parkins, Wendy** and **Geoffrey Craig**, *Slow Living*, Oxford, Berg, 2006.

**Paterson, Elaine**, "Quality new development in English market towns," *Journal of Urban Design*, 11, 2006, pp. 225–241.

**Peck, Jamie**, "Struggling with the creative class," *International Journal of Urban and Regional Research*, 29, 2005, pp. 740–770.

**Petrini, Carlo**, *Slow Food: The Case for Taste*, New York, Columbia University Press, 2001.

**Petrini, Carlo**, *Slow Food Nation: Why Our Food Should Be Good, Clean, and Fair*, New York, Rizzoli, 2005.

**Polanyi, Michael**, *Personal Knowledge: Towards a Post- Critical Philosophy*, Chicago, University of Chicago Press, 1962.

**Portney, Kent**, *Taking Sustainable Cities Seriously: Economic Development, the Environment, and Quality of Life in American Cities*, Cambridge, MA, MIT Press, 2003.

**Powe, Neil**, **Hart, Trevor**, and **Tim Shaw** (eds.), *Market Towns. Roles, Challenges, and Prospects*, London, Routledge, 2007.

**Putnam, Robert**, *Bowling Alone: The Collapse and Revival of American Community*, New York, Simon and Schuster, 2000.

**Rogers, Maureen**, "Social sustainability and the art of engagement-the small towns: Big picture experience," *Local Environment*, 10, 2005, pp. 109–124.

**Roseland, Mark**, *Eco-City Dimensions: Healthy Communities, Healthy Planet*, Gabriola Island, BC, New Society Publishers, 1997.

**Roseland, Mark**, *Towards Sustainable Communities,* Gabriola Island, BC, New Society Publishers, 1998.

**Satterthwaite, David**, *Outside the large cities: The demographic importance of small urban centres and large villages in Africa, Asia and Latin America.* London, UK: International Institute for Environment and Development, 2006.

**Shuman, Michael**, *The Small-Mart Revolution: How Local Businesses Are Beating the Global Competition,* San Francisco, Berrett-Koehler Publishers, 2006.

**Thrift, Nigel**, "Cities without modernity, cities with magic," *Scottish Geographical Magazine*, 113, 1997, pp. 138–149.

**Tönnies, Ferdinand**, *Gemeinschaft und Gesellschaft. Grundbegriffe der reinen Soziologie*, Darmstadt, Wissenschaftliche Buchgesellschaft, 2005 [1887].

**Tsouros, Agis** (ed.), *Healthy Cities in Europe*, London, Routledge, 2008.

**Vaz, Teresa De Noronha**, **Morgan, Eleanor**, and **Peter Nijkamp**, *The New European Rurality: Strategies for Small Firms*, Burlington, VT, Ashgate, 2006.

**White, Stacey Swearinger** and **Cliff Ellis**, "Sustainability, the environment, and new urbanism: An assessment and agenda for research," *Journal of Architectural and Planning Research*, 24, 2007, pp. 125–143.

**Williamson, Thad**, **Imbroscio, David**, and **Gar Alperovitz**, *Making a Place For Community: Local Democracy in a Global Era*, New York, Routledge, 2003.

# 互联网资料

## 国际

Aalborg Commitments: http://www.aalborgplus10.dk/
Cittaslow Germany: http://www.cittaslow-deutschland.de/
Cittaslow UK: http://www.cittaslow.org.uk/
Cittaslow International:
    http://www.cittaslow.net/ECOLUP: http://www.ecolup.info
International Council for Local Environmental Initiatives:
    http://www.iclei.org/
International Making Cities Liveable:
    http://www.livablecities.org/
Lebensqualität durch Nähe:
    http://www.lebensqualitaet-durch-naehe.de
Project for Public Spaces: http://www.pps.org/
Slow Food International: http://www.slowfood.com/

## 欧洲

AlpCity: http://www.alpcity.it/
European Council for the Village and Small Town:
    http://www.ecovast.org/
European Healthy Cities Network:
    http://www.euro.who.int/healthy-cities
Pro Helvetia's Creative Cities Project: http://www.sdc.admin.ch/
    en/Home/Projects/Creative_Cities_in_Albania
SmallTownNetworks: http://www.highland.gov.uk/
    businessinformation/economicdevelopment/regeneration/
    smalltownnetworks.htm
SusSET (Sustaining Small Expanding Towns):
    http://www.britnett-carver.co.uk/susset/

## 澳大利亚

Keep Australia Beautiful: Sustainable Cities:
    http://www.kab.org.au/01_cms/details.asp?ID=4
Small Towns: Big Picture: http://www.latrobe.edu.au/
    smalltowns/connections/stbp.htm
Sustainable Cities Programme:
    http://www.environment.gov.au/settlements/sustainablecities.
html

## 德国

Shrinking Cities/Schrumpfende Städte:
    http://www.shrinkingcities.com/

## 日本

Japan for Sustainability: http://www.japanfs.org/index.html
Japan's Eco-City Contest: http://www.japanfs.org/db/1430-e

## 新西兰

New Zealand Urban Design Protocol: http://www.mfe.govt.nz/
    issues/urban/design-protocol/index.html

## 北美

Arkansas' DeltaMade: http://www.arkansasdeltamade.com/
Centre for Community Enterprise: http://www.cedworks.com/
Cool Mayors for Climate Protection:
    http://www.coolmayors.org/
Economic Gardening in Littleton, Colorado:
    http://www.littletongov.org/bia/economicgardening/
HandMade in America: http://www.handmadeinamerica.org/
International Centre for Sustainable Cities (ICSC):
    http://icsc.ca/what-is-a-sustainable-city.html

Michigan's Cool Cities Initiative: http://www.coolcities.com/
National Trust Main Street Center:
    http://www.mainstreet.org/
North Carolina's Small Towns Initiative:
    http://www.ncruralcenter.org/smalltowns/index.html
Paducah Artist Relocation Programme:
    http://www.paducaharts.com/
Shorebank Enterprise Cascadia: http://www.sbpac.com/
The Hometown Advantage: http://www.newrules.org/retail/
Your Town Alabama:
    http://www.yourtownalabama.org/index.html

## 瑞典

Sveriges Eko Kommuner:
    http://www.sekom.nu/standard.asp?id=39

## 荷兰

Alphen aan den Rijn, The Dutch test case for sustainable town
    planning: http://www.p2pays.org/ref/24/23406.htm

## 英国

Action for Market Towns: http://www.towns.org.uk/index.php
Fairtrade Towns: http://www.fairtrade.org.uk/get_involved/
    campaigns/fairtrade_towns/default.aspx
New Economics Foundation:
    http://www.neweconomics.org/gen/
Transition Towns: http://transitiontowns.org/Main/HomePage

## 新兴国家

China`s Building a New Socialist Countryside Initiative: http://
    english.gov.cn/special/rd_index.htm
Slow Cities in South Korea: http://english.visitkorea.or.kr/enu/
    SI/SI_EN_3_4_12_15.jsp
South Korea`s Saemaul Undong Center: http://www.saemaul.
    net/background.asp

## 其他有用的信息

Agenda 21: http://www.un.org/esa/sustdev/documents/
    agenda21/index.htm
ATTAC (Association pour la taxation des transactions pour
    l'aide aux citoyens): http://www.attac.org/?lang=en
LOHAS (Lifestyles of Health and Sustainability):
    http://www.lohas.com/
The Natural Step Network:
    http://www.naturalstep.org/com/nyStart/

## 照片来源

除了以下照片，书中照片均有作者所摄：

Altrendo Travel/Getty Images Fig. 52
Anne-Lise Velez Figs. 27, 41, 43, 70, 73, 96, 103–107, 111, 124
Archiv Agravivendi Fig. 38
Ashley Davidson Fig. 33
Bob Krist/Corbis Fig. 72
Brigitt Reverdin Fig. 209
Carlo Irek/Corbis Fig. 154
Catherine Karnow/Corbis Fig. 20
Cittaslow Yaxi Figs. 215–219
City of Littleton, Colorado Figs. 162–163
City of Robertsfors Figs. 54–57
Corbis Fig. 80
Elisabeth Chaves Fig. 164
Fotosearch Fig. 183
Georges Gobet/Getty Images Fig. 51
Heike Mayer; sculpture in photo © Peter Lenk Fig. 199
Institute for Advanced Learning and Research Fig. 150
J.T. Crawford Fig. 194
Johann Jessen Figs. 116–117
John Miller/Corbis Fig. 113
Jonathan Logan Figs. 146–147
José Pobiete/Corbis Fig. 47
Karim Sahib/Getty Images Fig. 62
Knut Bry, Municipality of Sokndal archives Figs. 157, 159
Lina Belar Figs. 195–196
Lucca Zennaro/Corbis Fig. 24
Mark Ralston/Getty Images Fig. 61
Matt Cardy/Getty Images Fig. 174
Patricia Schläger-Zirlik Fig. 231
Paulette Mentor Fig. 193
Photographie Werner Huthmacher, Berlin Fig. 118
Raimund Schramm Fig. 60
Richard Bickell/Corbis Fig. 112
Richard Klune/Corbis Fig. 77
Rose Hartman/Corbis Fig. 71
Ruth Tomlinson/Corbis Fig. 155
Sarah Sturtevant Fig. 204
Sharon Earhart Fig. 165
Shaun Best/Reuters/Corbis Fig. 23
Swiss Cultural Programme in the Western Balkans Figs. 201–203
Thinkstock/Corbis Fig. 83
Thomas Geiger Fig. 179
Tim Graham/Getty Images Fig. 114

## 译者简介

易晓峰，本科和硕士均毕业于南京大学，2007–2008年在英国卡迪夫大学规划学院进行访问研究。曾在广州规划届工作十余年，是中国城市规划学会城市治理学术委员会委员、《城市规划》杂志审稿专家，现居北京。

苏燕羚，本科毕业于北京大学，硕士毕业于南京大学，曾在广州市规划系统工作十余年，现居北京。